NUSSKNACKER

Mein Mathematikbuch

Band 3

Herausgegeben von
Peter Herbert Maier

Erarbeitet von
Anja Bever
Kathrin Diestel
Wolfram Kriegelstein
Susanne Kühnau
Frank Lippmann
Peter Herbert Maier
Wiebke Meyer

Ernst Klett Grundschulverlag
Leipzig Stuttgart Düsseldorf

Inhalt

Kopftraining

Geometrie

Gewichte und Rauminhalte

Multiplizieren und dividieren

Kopftraining

Geometrie

Zeit

Daten sammeln und auswerten

Grundwissen nach Klasse 3

Zahlen bis 100

1 Ordne der Größe nach. Beginne mit der kleinsten Zahl.

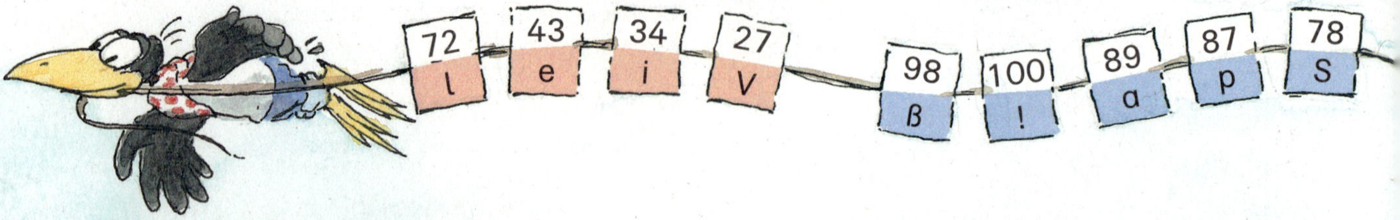

2

a) Familie Pegels lernte im Urlaub surfen. Der Schnupperkurs kostete für Nana 14 €, für Mama und Papa das Doppelte.

b) Till und Tom besuchten einen Zirkus. Mama auch.

Kinder: 6 € Erwachsene: 10 €

3 a) Welche Zahlen fehlen im Puzzle? Die Hundertertafel kann dir helfen.

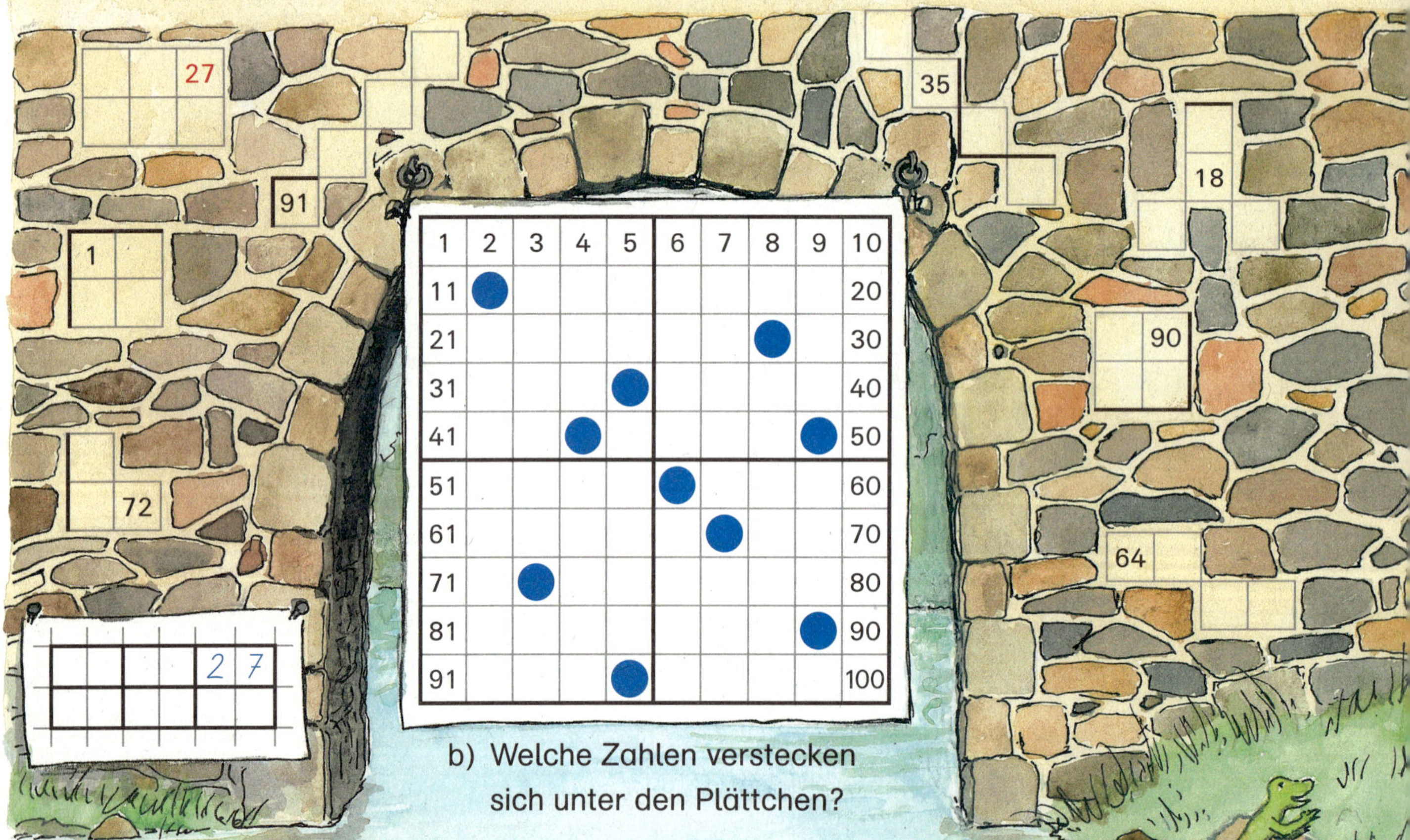

1	2	3	4	5	6	7	8	9	10
11									20
21									30
31									40
41									50
51									60
61									70
71									80
81									90
91									100

b) Welche Zahlen verstecken sich unter den Plättchen?

4 Wie geht es weiter? Setze die Zahlenfolgen fort.

a) 5, 10, 15, ..., 50
6, 11, 16, ..., 51
11, 22, 33, ...,99

b) 100, 90, 80, ..., 10
88, 86, 84, ..., 70
77, 70, 63, ..., 14

c) 73, 70, 71, 68, 69, ..., 63
60, 55, 54, 49, 48, ..., 30
89, 79, 81, 71, 73, ..., 49

5

a) Sarah und Niklas überredeten Opa zum Essen in ihrem Lieblingsrestaurant. Opa hatte 15 € dabei.

b) Schreibe selbst eine Ferien-Rechen-Geschichte.

6 a) Kannst du die Geheimschrift lesen?
Übertrage in dein Heft, schreibe die passenden Zahlen dazu.

b) Schreibe in Geheimschrift.

Z	E
1	2
2	1
1	3
3	1
1	4

7 a) b)

Rechnen bis 100

1 Ordne der Größe nach. Beginne mit der kleinsten Zahl.

2

3 In der Burg Rechenstein können sich Kinder verkleiden.
Es gibt 27 alte Helme für Ritter und 19 tolle Hüte für Burgfrauen.

4 Wie rechnest du?

a) 43 + 15	b) 37 + 12	c) 64 + 15
43 + 17	58 + 12	75 + 15
43 + 19	79 + 12	86 + 15

5 Ritter Moritz Mau rechnet ziemlich schlau. Du auch?

a) 15 + 15	b) 45 + 45	c) 19 + 19	d) 28 + 28	e) 6 + 5	f) 7 + 8
15 + 16	45 + 46	19 + 20	28 + 29	16 + 5	47 + 28
15 + 14	46 + 46	20 + 18	30 + 28	26 + 15	28 + 47
15 + 17	45 + 47	19 + 21	30 + 29	26 + 25	38 + 57

6 Löse die Zahlenrätsel.

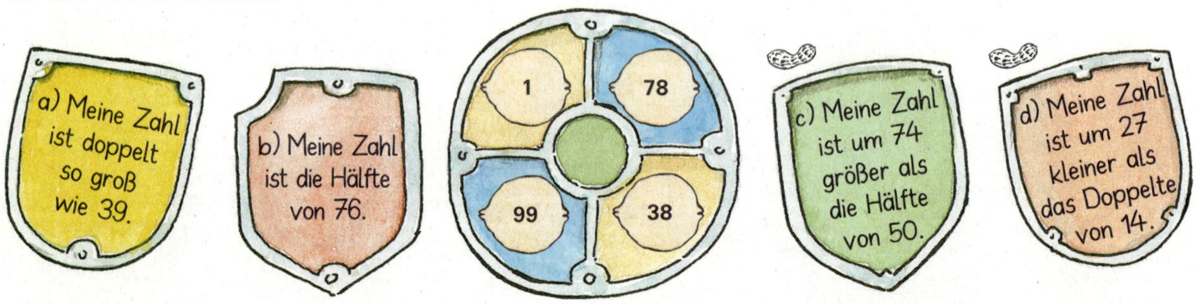

7

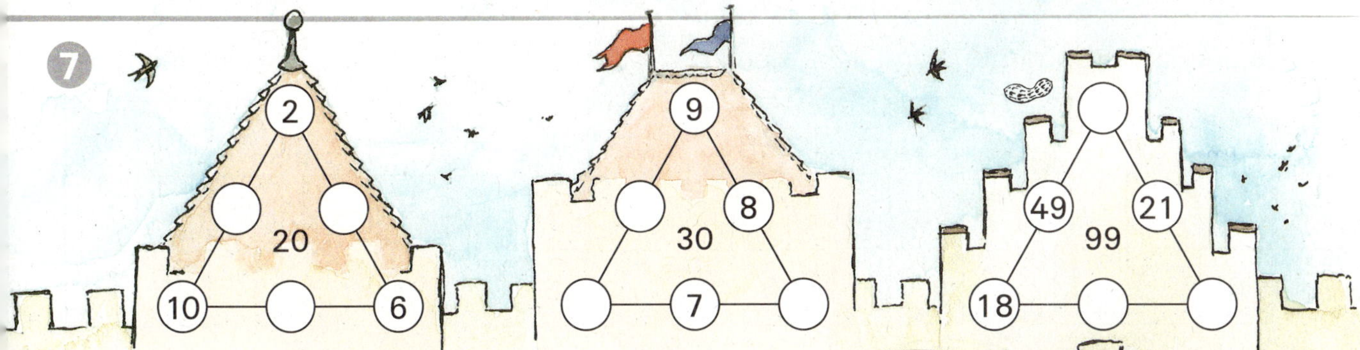

8 Die Drittklässler der Härle-Schule wandern hinauf zur Burg. Natürlich wollen sich alle verkleiden. Von den 46 alten Hüten und Helmen holen sich die Kinder der 3a insgesamt 28 aus dem Regal.

9 Wie rechnest du?

a) 46 − 12	58 − 15	b) 64 − 32	79 − 58
46 − 16	68 − 18	64 − 34	79 − 59
46 − 18	78 − 21	64 − 36	79 − 60

10 a) Immer das Doppelte. b) Immer die Hälfte.

11 Burgfrau Karolina Knicks kennt gute Rechentricks. Und du?

a) 50 − 25	b) 80 − 40	c) 90 − 60	d) 88 − 44	e) 16 − 8	f) 15 − 7
50 − 26	80 − 41	90 − 61	66 − 33	36 − 8	45 − 7
50 − 24	82 − 42	91 − 61	44 − 22	36 − 18	45 − 17
50 − 27	82 − 44	91 − 66	22 − 11	36 − 28	45 − 37

12 Wie rechnest du?

a) 36 + ▢ = 70	b) 54 + ▢ = 60	c) 16 + ▢ = 33	d) 48 + ▢ = 90
36 + ▢ = 75	44 + ▢ = 60	18 + ▢ = 37	48 + ▢ = 97
36 + ▢ = 76	34 + ▢ = 60	19 + ▢ = 39	49 + ▢ = 100

13 Bilde Aufgabenfamilien.

Rechnen und entdecken mit Zauberei

1 Löse die Zauberquadrate. Vergleiche sie.

a) 30

	12	
	10	
9		

b) 60

		22
	20	
		26

c) 30

12	7	11	
			13
	9		14
15		8	

d) 60

24			0
	20		26
4			28
	8	16	

2 Vorsicht Fehler! Welche Zahl stimmt nicht?

a) 15

8	3	4
1	5	9
6	7	0

b) 27

8	13	6
7	4	11
12	5	10

c) 50

5	16	12	17
18	11	15	6
19	10	14	7
8	13	4	20

d) 60

6	16	8	30
28	10	18	4
26	12	10	2
0	22	14	24

3 a)

b) Stelle nun selbst Zauberquadrate her.

immer 24 immer 27 immer 30

4 Löse die Zaubersterne.

a)

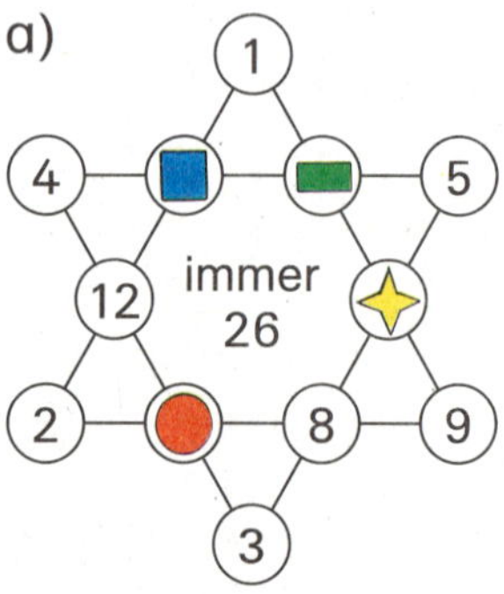

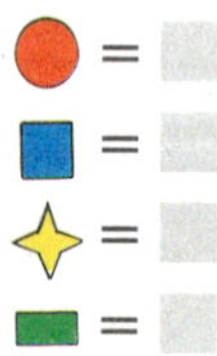

b)

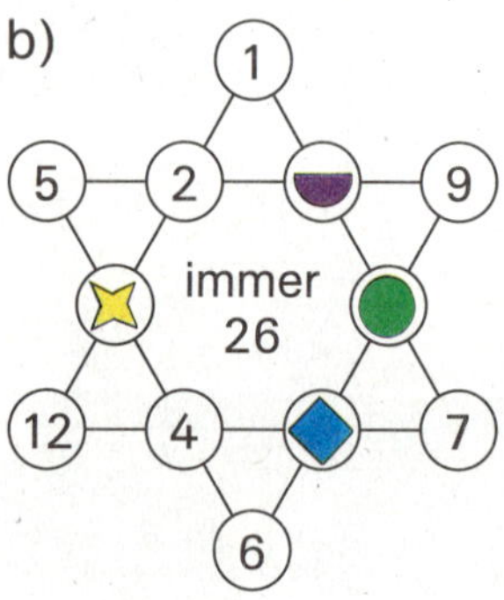

c)

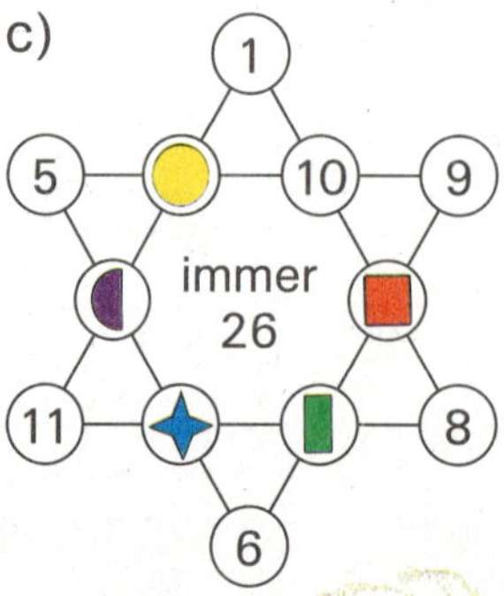

5 Vorsicht Fehler! Welche Zahl stimmt nicht?

a)

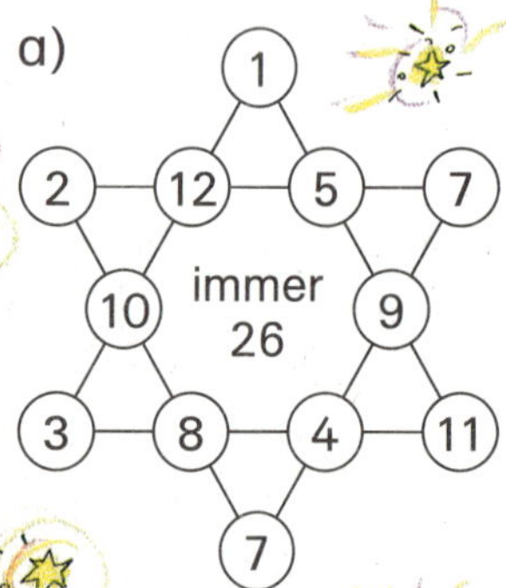

b)

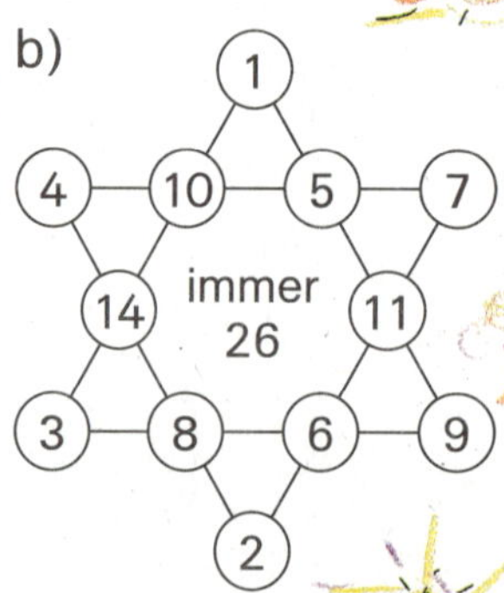

c)

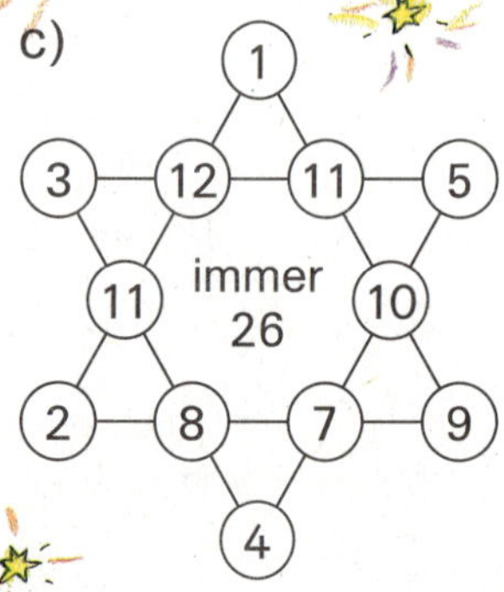

1 In Hannahs Schule gibt es viele Zahlen zum Rechnen.

	1a	1b	2a	2b	3a	3b	4a	4b
Mädchen	11	13		11	16	17	16	
Jungen	13		15		9	11	15	12
Kinder insgesamt		25	30	27				
							60	

a) Übertrage die Tabelle in dein Heft. Berechne die fehlenden Zahlen.

b) Antworte mit Hilfe der Tabelle: Wie viele Kinder lernen in der Klasse 1a?
In welche Klassen gehen die meisten Mädchen?
In welche Klassen gehen mehr Jungen als Mädchen?

Finde noch weitere Fragen.

2 Diese Rechengeschichten haben Kinder aus Hannahs Schule geschrieben.

ROBERT
17 Kinder aus der 3a und 18 aus der 3b spielen gern Fußball.

fragen: Wie viele Drittklässler spielen gern Fußball?

rechnen: 17 ● 18 = ■

antworten: ■ Drittklässler spielen gern Fußball.

SWEA
Die Lehrerin der 3a heißt Frau Grimmer und ist 36 Jahre alt. Jeden Tag unterrichtet sie 5 Stunden.

AYLA
37 Viertklässler haben schon den Fahrradführerschein.

LARS
In der 4a fehlten gestern 7 Schüler.

SARAH
Das „Seepferdchen" haben alle Mädchen in der 2. Klasse jetzt geschafft.

FINN
12 Erstklässler haben eine Katze als Haustier, halb so viele haben einen Hund. 32 Kinder haben kein Haustier.

JASPER
In der Klasse 3b lernen 6 Jungen und doppelt so viele Mädchen ein Instrument zu spielen.

TILL
Oje, in dieser Woche haben 19 Kinder der 3a ihre Hausaufgaben vergessen.

Rechne auch mit Zahlen deiner Schule.

Erfinde selbst Rechengeschichten.

Multiplizieren

1

2 Suche passende Plus- und Malaufgaben.

a)

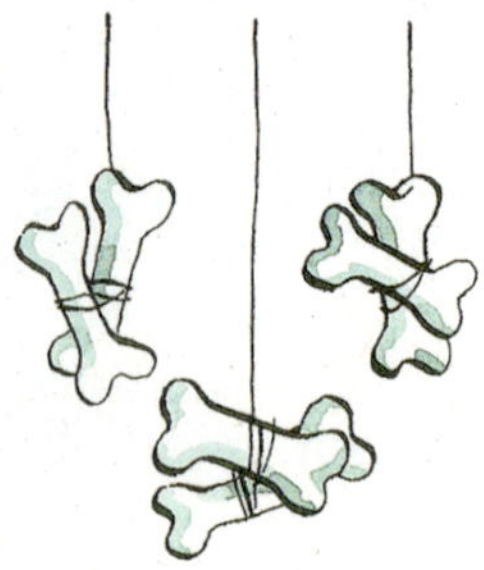

2 + 2 + 2 = ▢
3 · ▢ = ▢

b)

c)

d)

3 Kernaufgaben

a) 1 · 3
2 · 3
5 · 3
10 · 3

b) 1 · 4
2 · 4
5 · 4
10 · 4

c) ▢ · 6
▢ · 6
▢ · 6
▢ · 6

d) Schreibe die Kernaufgaben der Reihen mit 7, 8, 9 genauso.

4 Nachbaraufgaben

a) 2 · 4
3 · 4
4 · 4

b) 5 · 6
6 · 6
7 · 6

c) 10 · 4
9 · 4
8 · 4

d) 3 · 9
2 · 9
1 · 9

e) 8 · 7
7 · 7
6 · 7

f) 6 · 8
5 · 8
4 · 8

5 Tauschaufgaben

a) 2 · 1
1 · 2

3 · 0
0 · 3

4 · 5
5 · 4

b) 3 · 6
6 · ▢

4 · 7
▢ · ▢

6 · ▢
5 · ▢

c) 7 · 2
▢ · ▢

▢ · ▢
9 · 7

▢ · 8
▢ · 6

6 Verdoppeln oder halbieren?

a) 2 · 6
4 · 6

3 · 8
▢ · 8

5 · 7
▢ · 7

b) 8 · 1
4 · 1

6 · 9
▢ · 9

10 · 6
▢ · 6

c) 8 · 5
8 · ▢

9 · 8
9 · ▢

7 · 3
7 · ▢

1

a) Wie oft muss der Aufzug fahren?
□ : □ = □

b) Wie oft muss der Aufzug bei 16 (20, 24, 40, 8) Personen fahren?

c) 40 Personen wollen mitfahren. Über dem Aufzug ist ein Schild:

8 Personen | 10 Personen

2 Eine Firma verteilt Futter-Proben an alle Vierbeiner. Eine Kiste soll für 10 (20, 5, 4, 2, 1) Hunde reichen.

3 Welpen bekommen bunte Spielbälle geschenkt. Verteile gerecht an 3 (12, 6, 4, 1) kleine Hunde.

4 Verwandte Aufgaben

a)	b)	c)
28 : 4	18 : 2	48 : 8
28 : 7	18 : □	48 : □
21 : 7	72 : 9	64 : 8
21 : □	72 : □	64 : □
14 : 2	63 : 7	42 : 7
14 : □	63 : □	42 : □

5 Umkehraufgaben

a)	b)	c)
16 : 8	32 : 4	56 : 7
2 · 8	□ · 4	□ · □
40 : 5	35 : 7	0 : 6
□ · 5	□ · 7	□ · □
45 : 9	36 : 9	9 : 9
□ · 9	□ · 9	□ · □

6 Aufgabenfamilien

a)
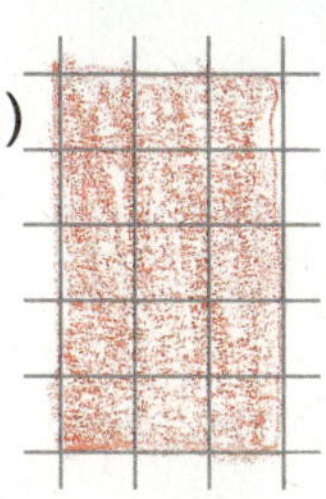

3 · 5 = □
5 · 3 = □
15 : □ = □
15 : □ = □

b)
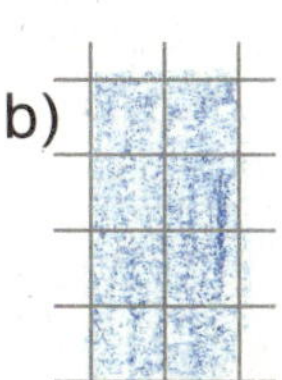

c)
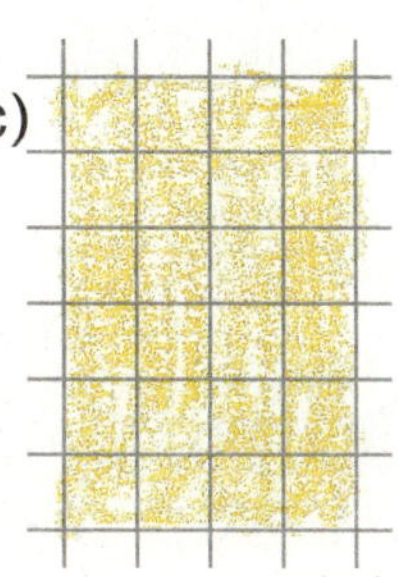

d)
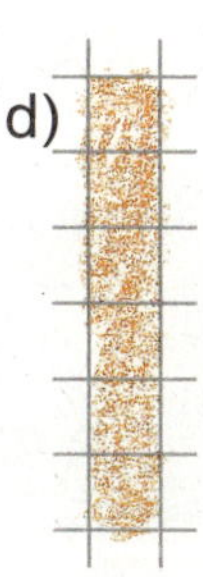

e) Finde noch mehr Aufgabenfamilien. Male und rechne.

Dividieren mit und ohne Rest

1 Alexandra hat 23 Dosen Hundefutter für Blacky. Sie baut Dreiertürme.

23 : 3 = ___ Rest ___

2 Wie lange reicht das Futter für kleine, mittlere, große Hunde?

	 kleine Hunde	 mittlere Hunde	 große Hunde
a) 10 Dosen Fleischmix 	Jeden Tag eine.	Jeden Tag zwei.	Jeden Tag drei.
b) 16 Kauknochen 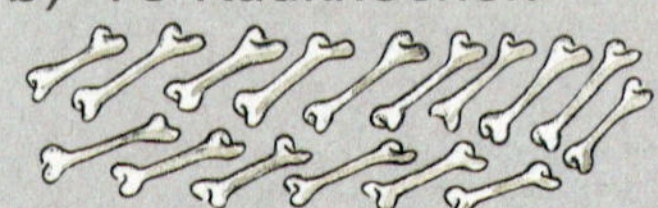	Jede Woche zwei.	Jede Woche fünf.	Jede Woche sechs.
c) 20 Portionen Vollkornflocken 	Jede Woche drei.	Jede Woche fünf.	Jede Woche sieben.
d) 40 Hundekuchen 	Jede Woche vier.	Jede Woche sechs.	Jede Woche neun.

3

a)
10 : 5 = ___
11 : 5 = ___ R ___
12 : 5 = ___ R ___
___ : 5 = ___ R ___

b)
20 : 2
20 : 3
20 : 4
20 : ___

4 Vergleiche die Ergebnisse.

15 : 3
16 : 3
17 : 3
___ : 3

30 : 6
32 : 6
34 : 6
___ : 6

5

___ : 7 = 5 R 6
___ : 6 = 9 R 0
18 : ___ = 3 R 3
___ : 2 = 1 R 1
31 : ___ = 10 R 1
56 : ___ = 8 R 0
___ : 3 = 9 R 2
___ : 8 = 7 R 6
___ : 10 = 9 R 9
25 : ___ = 6 R 1

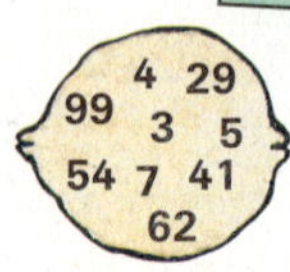

1 Kinder haben Einmaleins-Trainer gebastelt.

a) Welche Reihen üben sie gerade?

b) Schreibe die Reihen vollständig auf.

2 Franziska rechnet mit jeder Zahl Geteiltaufgaben. Das Ergebnis soll …

– möglichst **groß** sein.

– möglichst **klein** sein.

– genau **7** sein.

Probiere!

3 Schreibe untereinander.

a) Zweierzahlen: 2, 4, 6, …

b) Viererzahlen: 4, 8, …

c) Achterzahlen: 8, …

d) Kreise alle gemeinsamen Zahlen mit der gleichen Farbe ein.

4 Schreibe untereinander.

a) Dreierzahlen: 3, 6, 9, …

b) Sechserzahlen: 6, 12, …

c) Neunerzahlen: 9, 18, …

d) Kreise alle gemeinsamen Zahlen mit der gleichen Farbe ein.

5 Alle Einmaleinsreihen auf einen Blick!

a) Einige Ergebnisse sind schon eingetragen. Schreibe die Aufgaben dazu.

b) Welche Zahlen gehören in die grünen Felder? Schreibe die Aufgaben dazu.

c) Rechne die Aufgaben zu den blauen Feldern.

•	1	2	3	4	5	6	7	8	9	10
1					5	6			9	
2					10	12			18	
3					15				27	
4					20				36	
5					25					
6	6	12			30				54	
7					35				63	
8					40				72	
9			27		45			72		
10					50				90	

d) Fällt dir bei den Ergebnissen der Neunerreihe etwas auf?

e) 18 besteht aus denselben Ziffern wie 81. Wie ist das bei den anderen Neunerzahlen?

f) 18 besteht aus den Ziffern 1 und 8. 1 + 8 = 9 Untersuche weitere Neunerzahlen.

Große Zahlen

1

Wie viele Pinguine könnten das sein?
Erkläre, wie du beim Schätzen vorgegangen bist.

2 Arne hat auf seinem Weg zur Schule viele große Zahlen entdeckt. Was bedeuten sie?

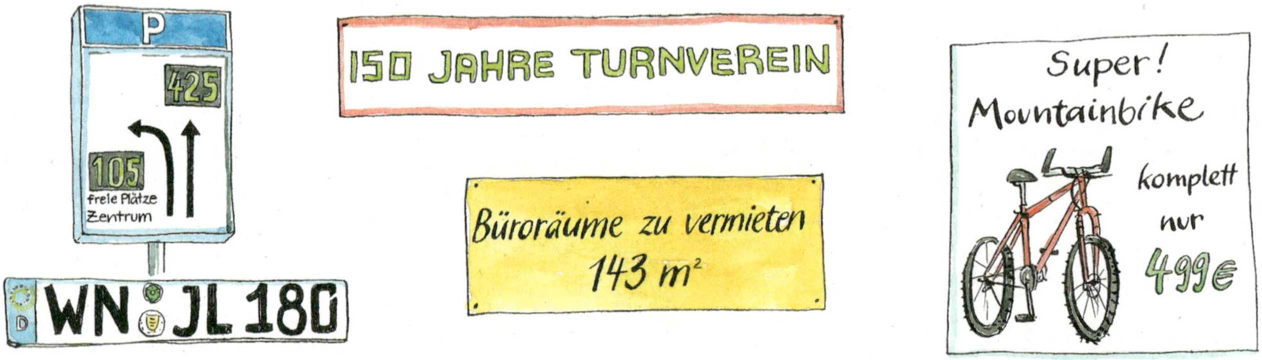

3 a) Arne hat eine Lieblingszahl, mit der er gern Bilder malt. Wie heißt die Zahl?

b) Hast du auch eine Lieblingszahl? Male ein Bild.

4 Sammle Ausschnitte aus Zeitungen und Zeitschriften mit großen Zahlen. Ihr könnt damit in eurer Klasse eine Ausstellung machen.

1 Wie viele?

a)

b)

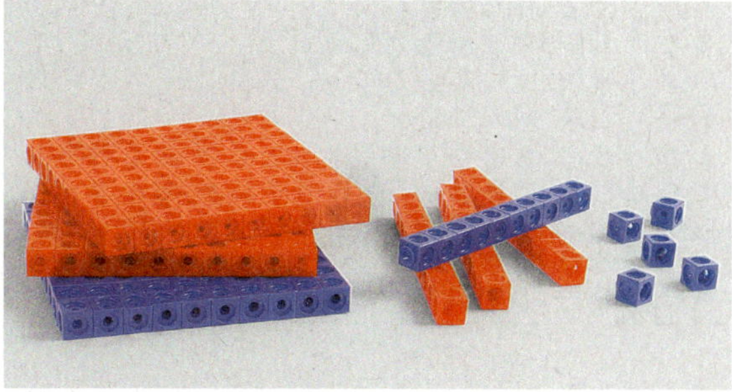

	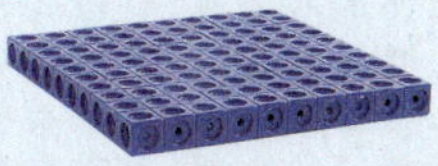		
1000	100	10	1
Tausender 1 T = □ H	Hunderter 1 H = □ Z	Zehner 1 Z = □ E	Einer 1 E

2 Ben und Ria haben zum Basteln Herbstfrüchte gesammelt. Sie zählen.

Ben macht es so:

Ria legt und zählt anders:

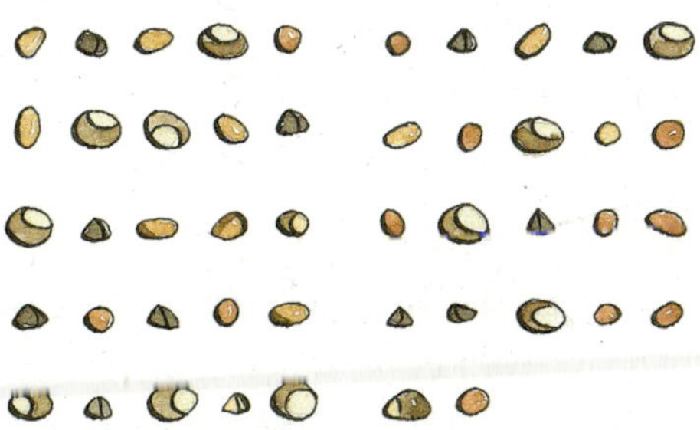

a) Wie viele Früchte legt Ben jeweils zusammen? Wie kann er zählen?

b) Wie zählt Ria? Wie wird sie weiterlegen?

c) Wie würdest du zählen?

3

a) Nimm kleine Gefäße und kleine Früchte.
Schätze, wie viele Früchte in jedes Gefäß passen.

b) Fülle die Gefäße und zähle. Vergleiche mit deiner geschätzten Zahl.

c) Ihr könnt in der Klasse eine Ausstellung mit Schätzgefäßen machen.

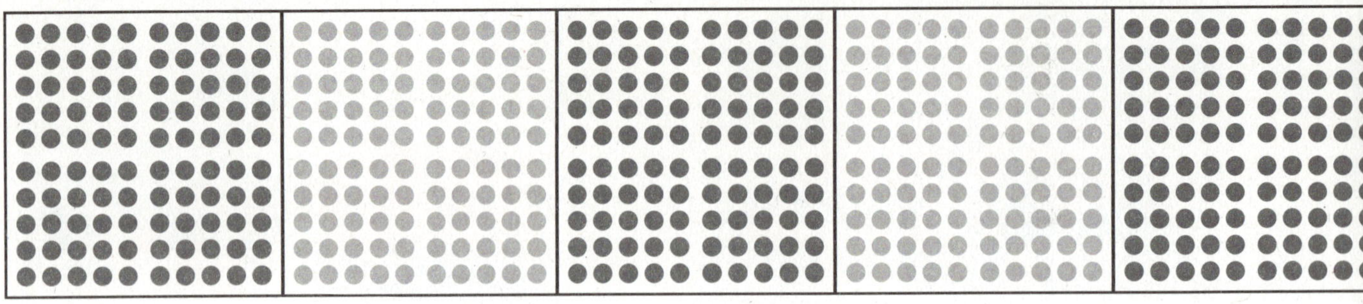

1

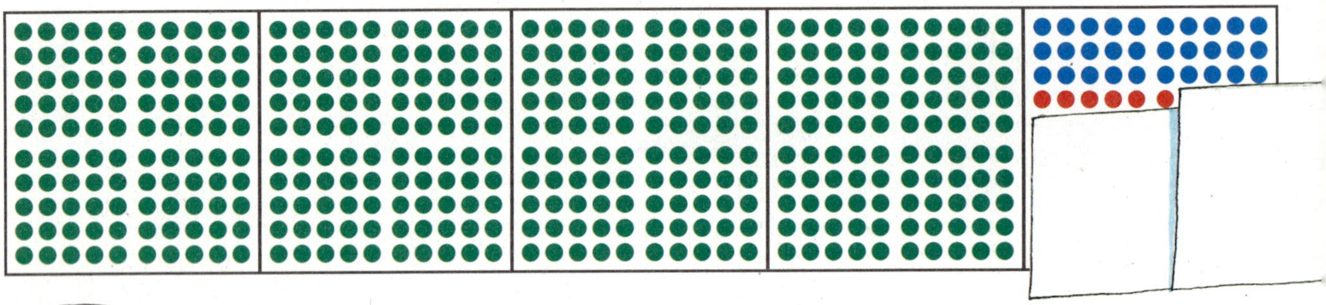

H	Z	E
4	3	6

4 H + 3 Z + 6 E

400 + 30 + 6 = 436

vierhundertsechsunddreißig

2 Zeige deinem Partner am Tausenderfeld.

a) 200, 300, 500, 900
b) 50, 150, 350, 850

c) 160, 540, 810, 990
d) 269, 569, 769, 469

e) 370, 377, 737, 773
f) Zeige noch andere Zahlen.

3 Welche Zahlen sind in Geheimschrift geschrieben? Schreibe sie in eine Stellenwerttafel.

a) 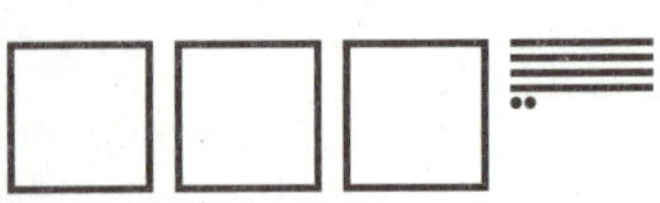

b) 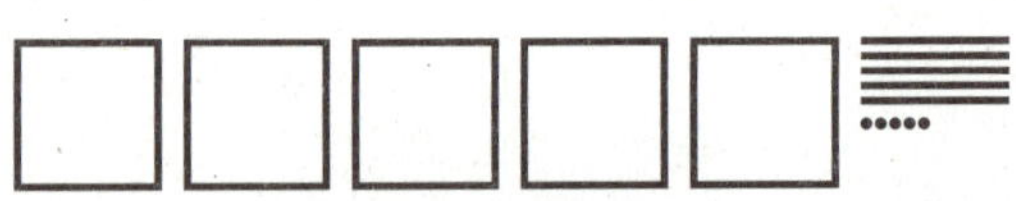

c) 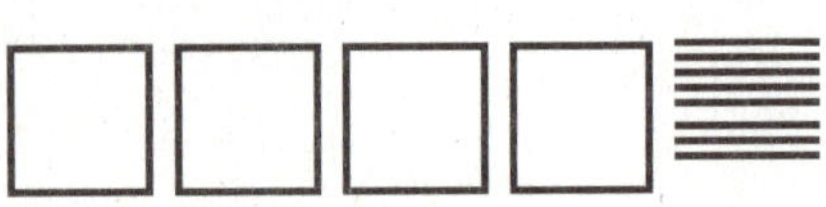

d) 

e) 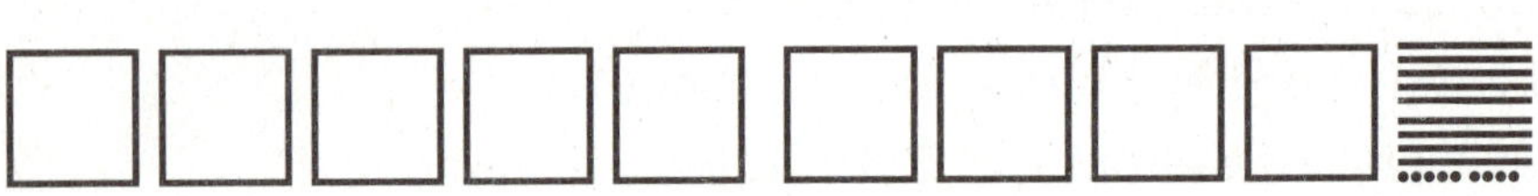

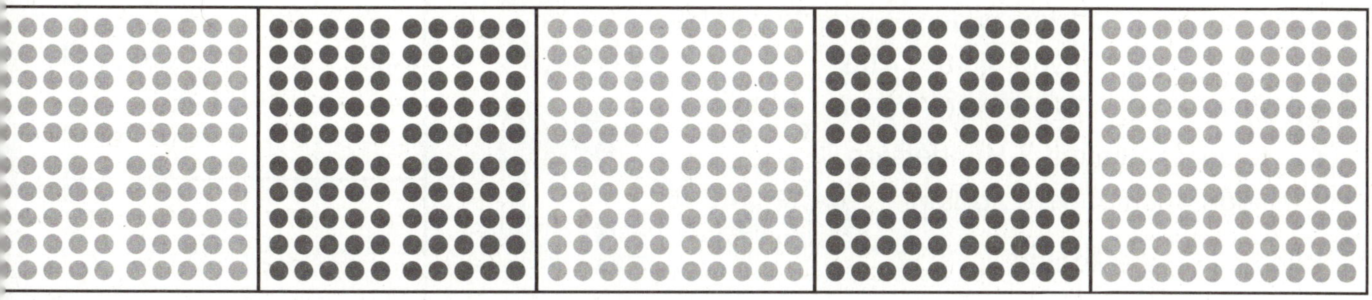

4 Schreibe die Zahlen in Geheimschrift.

a)

H	Z	E
|||			𝍸

H	Z	E
||||	||	𝍸|

b)

H	Z	E
6	4	2

H	Z	E
7	0	4

c) 850 936 261 199

d) einhundertzwölf, dreihunderteinundvierzig, neunhundertneun, fünfhundertfünfundfünfzig

5 Wie heißen die Zahlen? 7H + 2Z + 4E = 724

a) H 7, Z 2, E 4

b) Z 1, H 6, E 5

c) Z 8, E 2, H 9

d) H 7, E 0, Z 4

6 Schreibe mit Ziffern.

zweihundertdreiundvierzig

sechshundertneunundzwanzig

fünfhundertfünfundzwanzig

dreihundertsechzig

vierhundertneun

7 Schreibe als Wörter.

328 835 998 444 543 100 401 750 676 281 600

8

a)	b)	c)
600 + 200	200 + 300 + 100	100 + 300 + ☐ = 1000
100 + 700	300 + 200 + 400	200 + 500 + ☐ = 1000
500 − 300	800 − 400 − 200	800 − 500 − ☐ = 0
700 − 400	900 − 500 − 100	900 − 400 − ☐ = 0

9

a)	b)	c)
500 + 30 + 6	800 + 70 + 8	200 + 60 + ☐ = 269
500 + 50 + 4	800 + 80 + 7	400 + 30 + ☐ = 435
500 + 60 + 2	300 + 30 + 4	700 + ☐ + 8 = 718
500 + 90 + 9	300 + 40 + 3	600 + ☐ + 1 = 691

Hundertertafeln

1 Zeige deinem Partner an den Hundertertafeln.

a) 100, 150, 400, 450, 453
b) 520, 620, 720, 920, 924
c) Zeige Zahlen mit 7 Hundertern.
d) Zeige noch andere Zahlen.

2 Wie heißen die Zahlen ...
a) in den grünen Feldern?
b) in den blauen Feldern?
c) in den gelben Feldern?
d) in den Kreisen?
Was fällt dir auf?

3 Suche die Zahlen. Schreibe Vorgänger und Nachfolger auf.

263 | 264 | 265

a)	b)	c)	d)	e)
264	709	829	140	300
217	151	699	590	600
249	399	410	770	900

4 Schreibe die Zahlen auf, die in den Feldern darüber und darunter stehen.

336
346
356

a)	b)	c)	d)
346	582	750	489
347	562	950	975
348	542	650	726

5 Wie geht es weiter? Setze die Zahlenfolgen fort.

+ 1

a) 256, 257, 258, ..., 265
b) 594, 595, 596, ..., 603
c) 342, 352, 362, ..., 432
d) 418, 417, 416, ..., 409
e) 805, 804, 803, ..., 796
f) 908, 808, 708, ..., 8

6

ARIANE
Meine Zahl liegt genau in der Mitte zwischen 700 und 800.

SUSI
Meine Zahl liegt zwischen 310 und 328. Der Einer ist 9.

ERIK
Bei meinen Zahlen sind Hunderter, Zehner und Einer gleich.

ACHMED
Bei meinen Zahlen ist der Hunderter doppelt so groß wie der Zehner.

MARIE
Meine Zahlen liegen zwischen 420 und 480. Zehner und Einer sind zusammen 10.

DONALD
Meine Zahlen liegen zwischen 590 und 610. Die Zehnerzahl und die Einerzahl sind gleich.

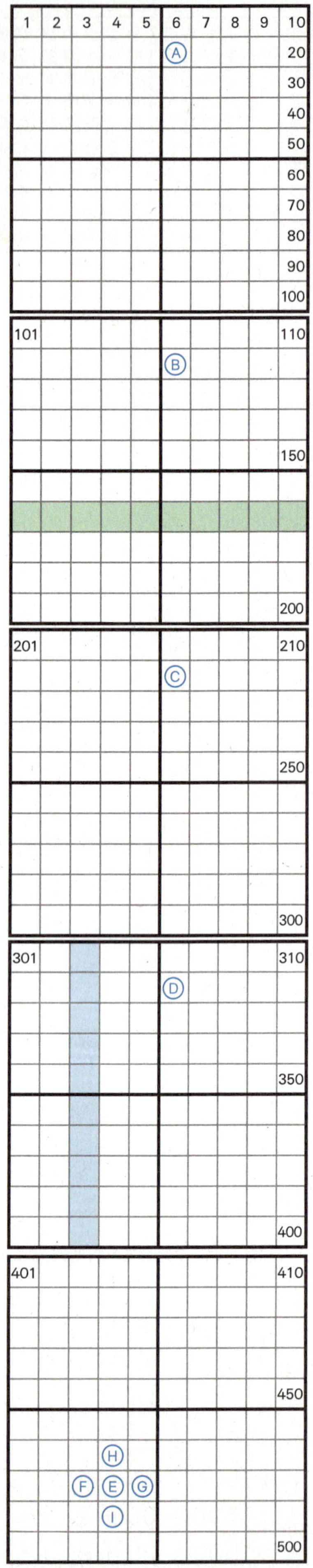

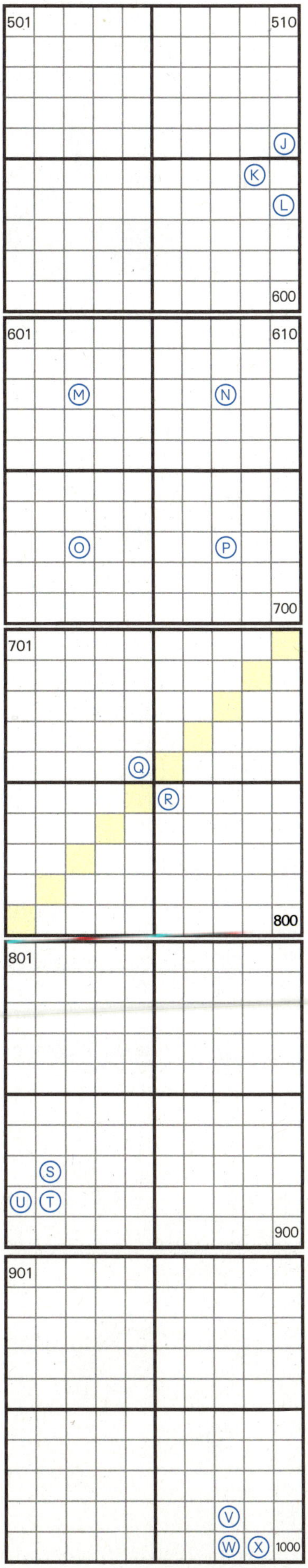

7 Zeige die Zahlen und springe. Welche Zahlen erhältst du?

235 527 873 644 956

a) 2 Felder nach links und 1 Feld nach oben.
b) 1 Feld nach oben und 3 Felder nach rechts.
c) 2 Felder nach unten und 2 Felder nach links.
d) Wie kannst du springen, wenn du jeweils auf einer Hunderterzahl landen willst?

8 Ergänze zum nächsten Zehner. *575 + 5 = 580*

575 208 844 449 808 525 737 310

9 Ergänze zum nächsten Hunderter. *670 + 30 = 700*

670 540 220 190 870 560 310 250

10 Ergänze zum Tausender. *300 + 700 = 1000*

300 200 480 750 860 600 940 230

11 Anja hat auf den Hundertertafeln Buchstaben entdeckt.
a) Zeichne die Buchstaben größer in dein Heft.
Trage die fehlenden Zahlen ein.

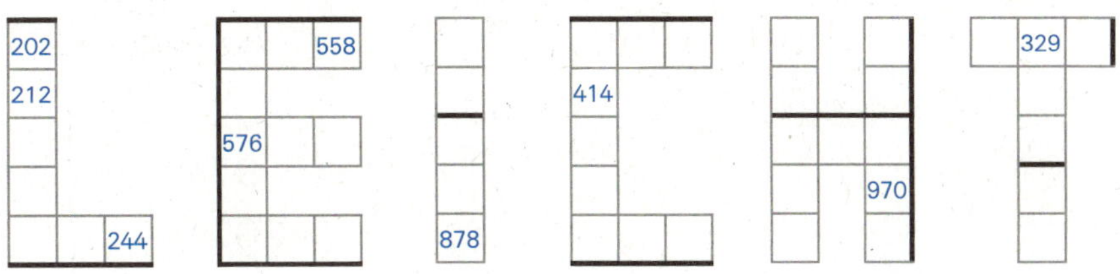

b) Welcher Buchstabe entsteht, wenn du folgende Zahlen auf der Hundertertafel anmalst?
675, 656, 637, 645, 665, 636, 655, 635
c) Findest du noch andere Buchstaben?

Zahlenstrahl bis 1000

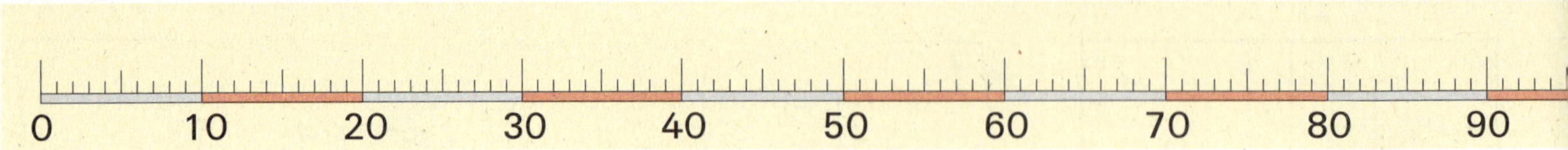

1 Zeige am Zahlenstrahl.

a) 101, 119, 147, 154, 168, 181, …

b) 835, 635, 335, 735, 235, 535, …

c) 222, 555, 444, 888, 111, 333, …

d) Zeige noch andere Zahlen.

2 a) Wie heißen die Zahlen an den roten Pfeilen?

A : *127*

b) Vergleiche E, K und N. Was fällt dir auf?

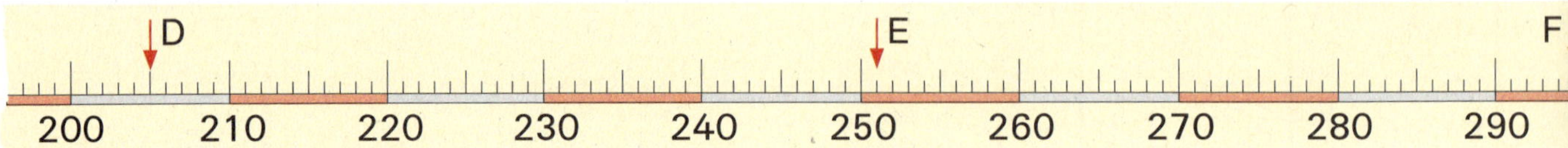

3 Zähle

a) in Einerschritten vorwärts:
von 162 bis 171,
von 294 bis 307.

b) in Einerschritten rückwärts:
von 736 bis 725,
von 603 bis 594.

c) in Zehnerschritten vorwärts:
von 405 bis 495,
von 876 bis 956.

d) in Hunderterschritten rückwärts:
von 916 bis 16,
von 909 bis 9.

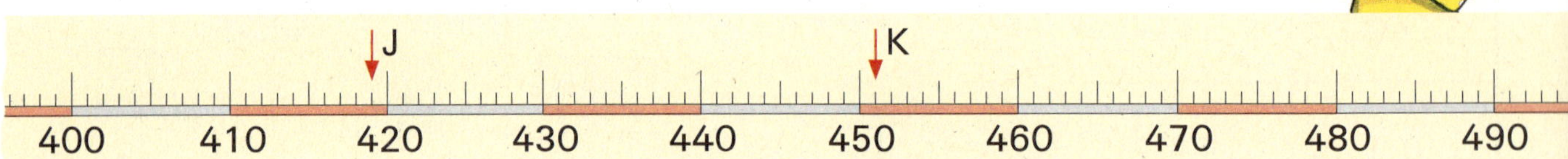

4 Vergleiche.

a) 312 > 308
486 ▢ 483
492 ▢ 496
888 ▢ 889
862 ▢ 860

b) 330 ▢ 303
397 ▢ 379
487 ▢ 478
213 ▢ 231
546 ▢ 564

5 Ordne die Zahlen nach der Größe. Beginne mit …

a) der kleinsten Zahl.

312 381 302
407 418 481

b) der größten Zahl.

443 434 487
478 444 490

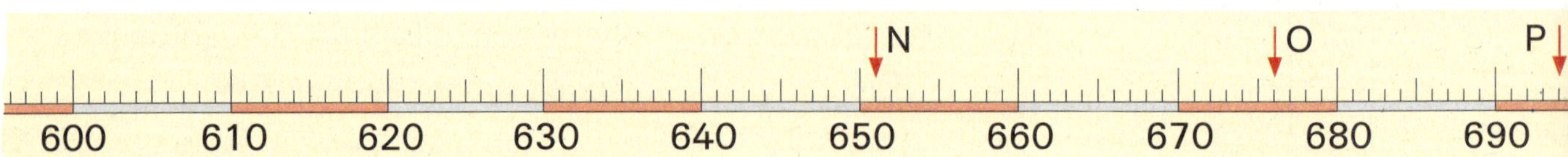

6

a)
153
342
617
499
786

b)
711
800
974
202
565

c) Wähle noch andere Zahlen.

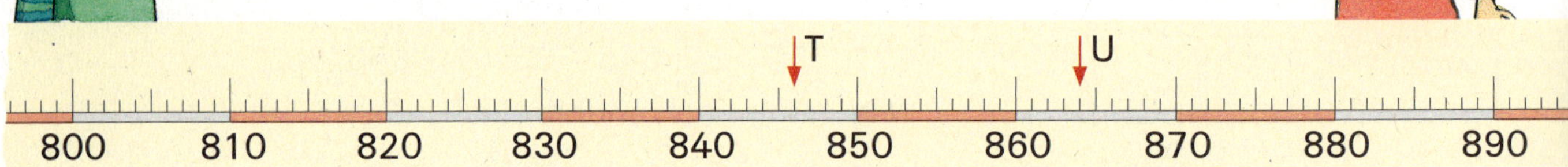

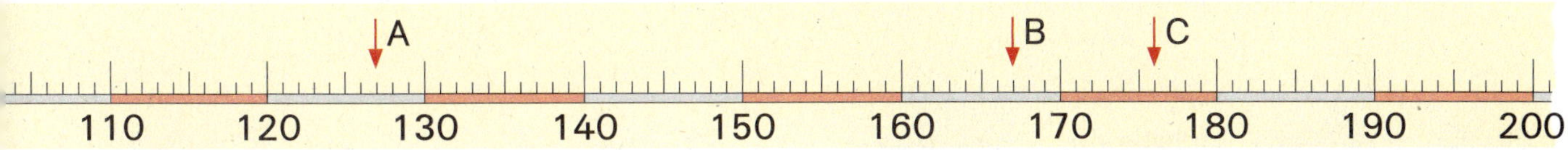

7 Welcher Zehner ist am nächsten?

650 | 653 | 660

a)	b)	c)	d)
653	262	951	Wähle
689	175	533	noch
623	348	406	andere
642	719	897	Zahlen.

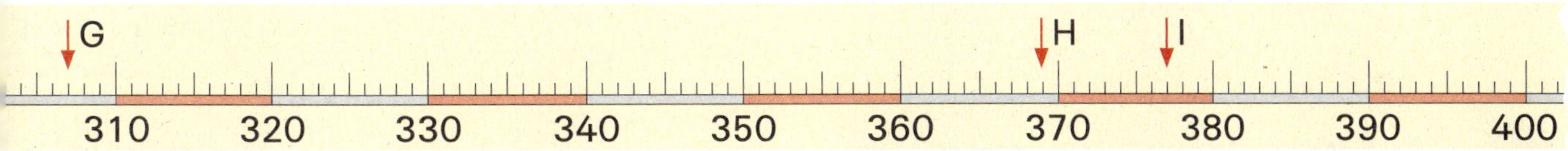

8 Welcher Hunderter ist am nächsten?

400 | 475 | 500

a)	b)	c)	d)
475	683	707	Wähle
442	560	394	noch
456	848	250	andere
429	951	416	Zahlen.

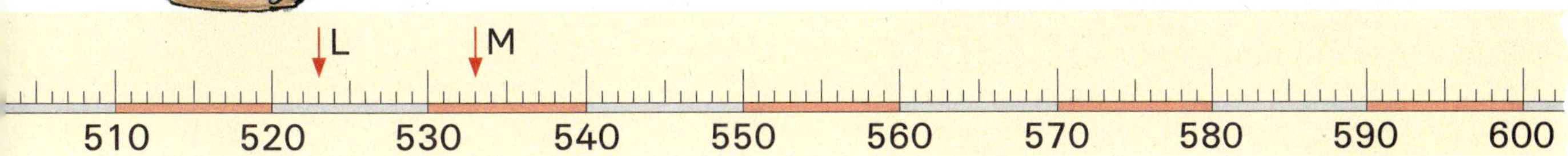

9 a) Tim hat gewürfelt: 2, 4 und 6.
Er baut daraus die dreistelligen Zahlen 246 und 642.
Welche anderen dreistelligen Zahlen kann er damit noch bauen?
Ordne die Zahlen nach der Größe.

b)

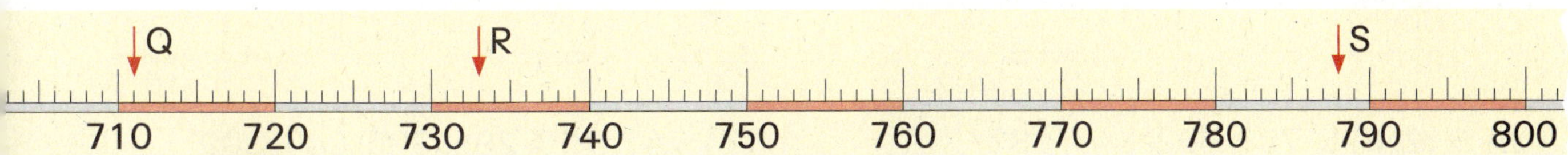

10

a) Schreibe noch andere EDE-Zahlen auf. Ordne sie nach der Größe.

b) Wie viele EDE-Zahlen gibt es?

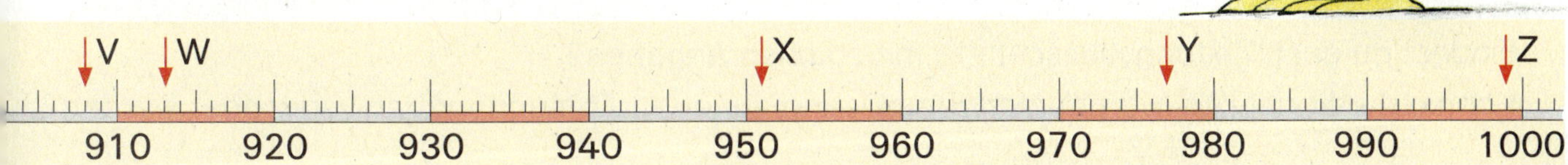

Runden

1

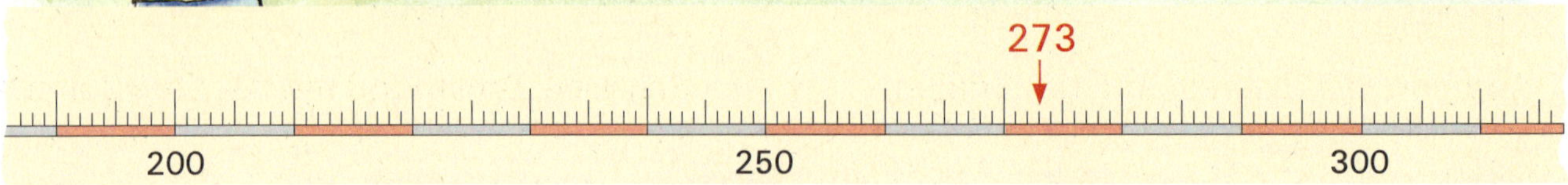

2 Runden auf Zehner:

2<u>7</u>1 ≈ 270
2<u>7</u>4 ≈ 270
2<u>7</u>5 ≈ 280
2<u>7</u>6 ≈ ▢

≈ ist rund

Regel:
Bei **1, 2, 3, 4** wird abgerundet.
Bei **5, 6, 7, 8, 9** wird aufgerundet.

Runden auf Hunderter:

<u>2</u>15 ≈ 200
<u>2</u>49 ≈ 200
<u>2</u>50 ≈ 300
<u>2</u>87 ≈ ▢

3 Runde auf Zehner. *254 ≈ 250*

a) 254, 267, 278, 291, 306, 329, 345

250, 260, 270, 280, 290, 300, 310, 320, 330, 340, 350

b) 352, 284, 905, 216, 344, 502

c) 666, 204, 205, 576, 574, 444

4 Runde auf Hunderter. *530 ≈ 500*

a) 530, 640, 710, 790, 850, 970

500, 600, 700, 800, 900, 1000

b) 542, 675, 781, 652, 849, 982

c) 747, 750, 295, 305, 849, 309

5

Eine Zwergspitzmaus ist am Tag etwa 22 Stunden auf Futtersuche.

Ein Blauwal wird bis zu 30 Meter lang.

Ein Floh springt ungefähr 20 cm hoch.

Das Herz des Kolibri schlägt über 1000-mal in einer Minute.

Ein Kaiserpinguin kann bis zu 20 Minuten unter Wasser bleiben.

Findest du auch Zeitungsausschnitte mit solchen Angaben?
Kannst du dir denken, warum manchmal keine genauen Zahlenangaben verwendet werden?

1

2 Errechne die Quersumme der Zahlen.

197 523 400 666

101 78 380 9

3 Schreibe Zahlen auf mit der Quersumme:

a) 16
b) 5
c) 22
d) 14
e) 20
f) 9
g) 0
h) 27
i) 2

4

a)
18 + 16 7
35 − 17 9
29 + 24 8
41 − 13 10
48 + 35 11

b)
3 · 6 9
28 : 4 7
5 · 8 4
72 : 9 8
6 · 2 3

c)
300 + 50 + 7 15
600 + 20 + 1 9
800 + 0 + 3 11
200 + 90 + 8 19
500 + 50 + 0 10

d)
49 + 22 8
8 · 10 8
54 − 19 8
32 : 4 8
91 − 29 8

5

a) Welche Zahl ist um 1 kleiner als das Doppelte von 300? Qs 23

b) Welche Zahl ist um 100 größer als das Ergebnis der Aufgabe 88 − 87? Qs 2

c) Wie heißt der Nachfolger der Hälfte von 888? Qs 13

6 Welche Aufgaben passen zur Quersumme 6?

5 · 3 3 · 200 100 − 48

80 − 36 200 + 40

900 − 400 24 + 27 8 · 4

7 Welche Aufgaben passen zur Quersumme 9?

81 − 56 200 + 600 100 · 9

3 · 6 47 + 34

28 − 11 300 + 25 9 · 4

5 Qs steht als Abkürzung für Quersumme.

Geld

1

a) Beschreibe die Euro-Scheine. Welche Unterschiede gibt es?
Finde heraus, was auf der Rückseite der Scheine dargestellt ist.

b) Tausche einen 200-Euro-Schein (500-Euro-Schein) in mehrere kleinere Scheine um.
Finde jeweils verschiedene Möglichkeiten und trage sie in eine Tabelle ein.

Betrag	500	200	100	50	20	10	5
200 €	–	–	2	–	–	–	–
200 €	–	–	1				
200 €							

2

a) Wie viel Geld ist es jeweils? Schreibe die Beträge auf.

b) Ordne die Beträge nach ihrem Wert.

c) Lege jeden Betrag mit Rechengeld. Finde heraus, wie viel Euro du dazulegen musst, damit es 1 000 Euro sind. *220 € + ____ € = 1 000 €*

3

Lege mit möglichst wenigen Scheinen und Münzen. *164 € = 100 € + 50 € + …*

a) 164 €, 283 €, 336 €

b) 457 €, 800 €, 688 €

c) 524 €, 427 €, 217 €

d) 374 €, 965 €, 432 €

e) 575 €, 675 €, 775 €

f) 344 €, 345 €, 346 €

4

a) Legt den Betrag nach. Nehmt jeweils einen Schein oder eine Münze weg.
Wie viel Geld bleibt übrig?
Wechselt euch ab, bis keine Münzen oder Scheine mehr übrig sind.

b) Legt denselben Betrag noch einmal. Findet andere Möglichkeiten, Scheine und Münzen abwechselnd wegzunehmen.

c) Legt andere Beträge und nehmt wieder Scheine und Münzen weg.

1

Das Komma trennt Euro und Cent:
4,99 € = 4 € 99 ct = 499 ct

1 € = 100 ct
10 € = 1 000 ct

2 Schreibe die Beträge aus den Tabellen auf. *125 ct = 1 € 25 ct = 1,25 €*

a)

1	2	5
1	9	0
2	3	4
2	0	5
	8	5

b)

1	0	6
1	6	0
3	7	5
	7	5
		5

3 Legt mit eurem Rechengeld Geldbeträge: Dein Partner sagt einen Betrag bis zu 100 Euro. Versuche diesen Betrag mit möglichst wenigen Münzen und Scheinen zu legen.
Schreibe dann die Beträge in allen drei Schreibweisen auf.

4 Schreibe mit Komma.
412 ct = 4,12 €

a)	b)	c)
412 ct	806 ct	999 ct
186 ct	25 ct	1 000 ct
320 ct	70 ct	1 001 ct
745 ct	9 ct	1 100 ct

5 Schreibe in Euro und Cent.
2,65 € = 2 € 65 ct

a)	b)	c)
2,65 €	0,56 €	17,61 €
6,43 €	0,40 €	52,99 €
9,10 €	0,18 €	40,08 €
4,08 €	0,03 €	295,30 €

6 < oder > oder = ?

a)	b)	c)
0,55 € ■ 60 ct	25 ct ■ 2,50 €	3,05 € ■ 3,50 €
6,50 € ■ 605 ct	5 ct ■ 0,05 €	18 € ■ 0,18 €
4 € ■ 395 ct	70 ct ■ 7 €	7,60 € ■ 7,06 €
10 € ■ 1 000 ct	850 ct ■ 0,85 €	0,08 € ■ 0,80 €

7 Ordne nach dem Wert. *95 ct, …*

a) 3 €, 95 ct, 1,05 €, 140 ct, 1,50 €

b) 0,65 €, 85 ct, 0,05 €, 1,35 €, 100 ct

c) 1 000 ct, 450 ct, 60 €, 12,60 €, 45 €

d) 250 ct, 2,50 €, 25 €, 0,25 €, 2 500 ct

Einer addieren und subtrahieren

1

2

a)
8 + 6
28 + 6
328 + 6
528 + 6
928 + 6

b)
36 + 7
136 + 7
156 + 7
476 + 7
686 + 7

c)
132 + 9
636 + 6
314 + 8
885 + 7
248 + 5

3

a)
32 – 5
232 – 5
432 – 5
532 – 5
732 – 5

b)
65 – 8
165 – 8
185 – 8
535 – 8
875 – 8

c)
143 – 6
672 – 4
411 – 2
864 – 8
526 – 7

4

a)
58 + ▢ = 63
258 + ▢ = 263
258 + ▢ = 266
258 + ▢ = 264

b)
571 + ▢ = 578
968 + ▢ = 974
725 + ▢ = 731
317 + ▢ = 321

5

a)
85 – ▢ = 79
485 – ▢ = 479
485 – ▢ = 476
485 – ▢ = 480

b)
581 – ▢ = 579
964 – ▢ = 958
373 – ▢ = 365
767 – ▢ = 761

6 Ergänze zum nächsten Hunderter.

295 + 5 = ▢

295 392 896 199 794 798 491 591 694 892 597 999

7 Subtrahiere vom Hunderter.

300 – 4 = ▢

300 500 900 200 700 600 400 800 100

a) – 4
b) – 6
c) – 9

8

a)
12 + 8
123 + 7
234 + 6
345 + 5

b)
102 + 9
201 + 9
203 + 8
302 + 8

9

a)
191 – 9
292 – 9
393 – 9
494 – 9

b)
121 – 9
212 – 9
232 – 8
323 – 8

Einer addieren und subtrahieren mit Hunderterübergang

1

2 Wie rechnest du?

a)	b)	c)
297 + 6	298 + 6	795 + 6
297 + 4	398 + 6	499 + 5
297 + 7	698 + 6	894 + 9
297 + 9	598 + 6	693 + 8

3 Wie rechnest du?

a)	b)	c)
304 − 5	303 − 5	806 − 8
304 − 8	503 − 5	604 − 6
304 − 7	403 − 5	907 − 9
304 − 9	903 − 5	505 − 7

4

a)	b)
397 + ☐ = 402	492 + ☐ = 501
397 + ☐ = 406	392 + ☐ = 401
397 + ☐ = 401	193 + ☐ = 202
397 + ☐ = 404	695 + ☐ = 703

5

a)	b)
803 − ☐ = 798	304 − ☐ = 296
803 − ☐ = 795	204 − ☐ = 196
803 − ☐ = 794	606 − ☐ = 597
803 − ☐ = 796	107 − ☐ = 98

6 Über den Hunderter! Welche Einer passen?

a)

☐ + ☐ = ☐

b)

☐ − ☐ = ☐

7 Der Zirkusdirektor erzählt:

a) „Für morgen hat sich die Waldschule mit 293 Schülern und 8 Lehrern angekündigt."

b) „296 Erwachsene und Kinder besuchten gestern die 15 Uhr-Vorstellung. Nur 9 Plätze blieben frei."

c) „Für die Abendvorstellung hatten wir 302 Karten verkauft. 7 Leute sind nicht gekommen."

Zehner addieren und subtrahieren

1

2 Wie rechnest du?

a)	b)	c)	d)	e)	f)
270 + 10	380 + 70	290 + 20	340 − 10	420 − 80	210 − 20
270 + 30	580 + 70	350 + 60	340 − 40	620 − 80	350 − 60
270 + 40	860 + 70	580 + 40	340 − 70	940 − 80	520 − 50
270 + 60	650 + 70	460 + 80	340 − 60	760 − 80	810 − 40

3

a)	b)	c)	d)
310 + ■ = 330	670 + ■ = 750	890 − ■ = 880	670 − ■ = 580
600 + ■ = 630	170 + ■ = 240	700 − ■ = 680	270 − ■ = 190
580 + ■ = 630	460 + ■ = 540	270 − ■ = 180	550 − ■ = 490
340 + ■ = 430	880 + ■ = 960	480 − ■ = 390	730 − ■ = 670

4 Über den Hunderter! Welche Zehner passen?

a)

■ + ■ = ■ ■ − ■ = ■

5 Vergleiche beide Rollen. Was fällt dir auf?

190 + 20	120 + 90
280 + 30	230 + 80
370 + 40	340 + 70
460 + 50	450 + 60

6

a)	b)
910 − 80	380 − 40
820 − 90	830 − 40
730 − 80	470 − 50
640 − 90	740 − 50

1

2 Wie rechnest du?

a) 580 + 45 13
390 + 35 11
860 + 75 17
650 + 85 15

b) 290 + 54 11
830 + 72 11
760 + 81 13
540 + 96 15

c) 285 + 50 11
495 + 60 15
675 + 40 13
865 + 70 17

d) 384 + 60 12
591 + 70 13
678 + 30 15
469 + 80 18

3 Wie rechnest du?

a) 320 − 45 14
840 − 65 19
450 − 75 15
530 − 65 15

b) 710 − 34 19
130 − 62 14
920 − 56 18
640 − 73 18

c) 335 − 40 16
575 − 90 17
425 − 60 14
955 − 70 21

d) 832 − 50 17
261 − 70 11
726 − 80 16
919 − 60 22

4

184 + 49 8
376 + 59 12
634 + 89 12
657 + 78 15
853 + 68 12

5

324 − 59 13
532 − 69 13
413 − 39 14
742 − 88 15
448 − 90 16

6

a)
334 + 89
338 + 79
342 + 69
346 + 59

b)
123 + 89
234 + 88
345 + 79
456 + 78

7

a)
941 − 89
938 − 79
935 − 69
932 − 59

b)
987 − 89
978 − 89
876 − 79
867 − 79

A Aus diesen Ortsteilen kommen unsere Schüler: Langenbrunn (151), Stettheim (89), Kohlgrub (70), Mittelstadt (35), Westendorf (30). Für die Schüler aus Stettheim, Kohlgrub und Westendorf fahren Schülerbusse.

B Die Schüler aus Stettheim und Westendorf fahren mit dem Busunternehmen Kippmann. Die anderen Fahrschüler werden vom Busunternehmen Riestel abgeholt.

C In der 1. Pause werden Getränke verkauft. Hausmeister Emmert hat heute 190 Packungen Milch und 85 Packungen Orangensaft verkauft.

1 Welche Frage passt zu welcher Information? Welche Fragen lassen sich beantworten? Überlege, rechne und antworte.

a) Wie viele Schüler besuchen insgesamt die Erich-Kästner-Schule?
b) Kannst du angeben, wie viele Getränke insgesamt verkauft werden?
c) Manche Schüler bringen ihr Getränk von zu Hause mit. Wie viele sind es?
d) Wie viele Schüler kommen aus den Ortsteilen Kohlgrub und Stettheim?
e) Wie viele Schüler fahren mit dem Busunternehmen Riestel?
f) Wie viele Schüler fahren mit dem Busunternehmen Kippmann?
g) Gibt es Schüler, die sich kein Getränk in der 1. Pause kaufen? Wie viele sind es?
h) Wann beginnt der Unterricht?

2 Finde heraus!

a) Wie viele Schüler sind in deiner Klasse? Wie viele Schüler gibt es in deiner Schule?
b) Wie viele Schüler aus deiner Klasse fahren mit dem Bus zur Schule?
c) Wie viele werden mit dem Auto gebracht und wie viele gehen zu Fuß?
d) Wie viele Getränke werden in deiner Schule an einem Tag verkauft?
e) Kann man auch etwas zum Essen kaufen?

1

	Jungen	Mädchen	gesamt	Jungen	Mädchen	gesamt	Jungen	Mädchen	gesamt	Jungen	Mädchen	gesamt
Klasse	1a			1b			1c			1d		
	10	13	23	11	14	25	8	14	22	13	11	24
Klasse	2a			2b			2c			2d		
	14	12	26	10	15	25	11	12	23	8	14	22
Klasse	3a			3b			3c					
	14	15	29	13	15	28	10	16	26			
Klasse	4a			4b			4c			4d		
	9	16	25	11	13	24	16	11	27	12	13	25

Überlege und rechne. Lassen sich alle Fragen beantworten?

a) Wie viele Schüler sind in den 4. Klassen?
b) In welcher Klassenstufe sind die meisten Kinder?
c) Sind in den zweiten Klassen mehr Kinder als in den dritten Klassen?
d) Wie viele Jungen besuchen die Erich-Kästner-Schule?
e) Wie viele Lehrer arbeiten an der Schule?
f) Wie viele Mädchen besuchen die Schule?

2 Stelle selbst Fragen zur Tabelle.
Stelle auch Fragen zur Tabelle, die man nicht beantworten kann?

3 Stelle zu jedem Text eine Frage, die man beantworten kann.
Rechne aus und antworte.

a) Für die ersten und zweiten Klassen wird ein Theaterstück in der Turnhalle aufgeführt.

b) Die dritten und vierten Klassen fahren ins Verkehrsmuseum.

c) Hausmeister Emmert hat die vorhandenen Schülertische und Schülerstühle gezählt. 382 Schülerstühle und 167 Schülertische sind vorhanden. Davon sind aber 21 Stühle und 17 Tische kaputt und können nicht mehr repariert werden.

4 Schreibe kurze Rechengeschichten.
Wähle dazu Fragen aus, rechne und schreibe die Antworten auf.

a) Wie viele Schüler fahren zum Zoo?
b) Wie viele Schüler nehmen an der Fahrradprüfung teil?
c) Wie viele Schüler fahren ins Schullandheim?
d) Wie viele Arbeitshefte müssen bestellt werden?

Halbschriftlich addieren

1

2 Wie rechnest du?

a) 350 + 140 13
420 + 230 11
530 + 360 17
240 + 650 17

b) 260 + 160 6
520 + 390 10
780 + 150 12
390 + 520 10

c) 250 + 370 8
480 + 240 9
560 + 380 13
170 + 660 11

d) 380 + 145 12
275 + 250 12
480 + 325 13
185 + 240 11

3 Immer 3 Fische haben dasselbe Ergebnis.

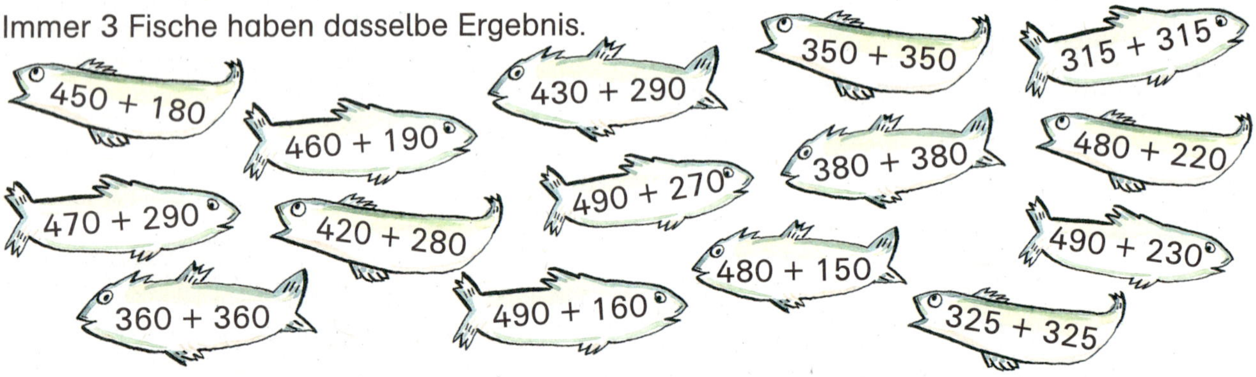

4

1

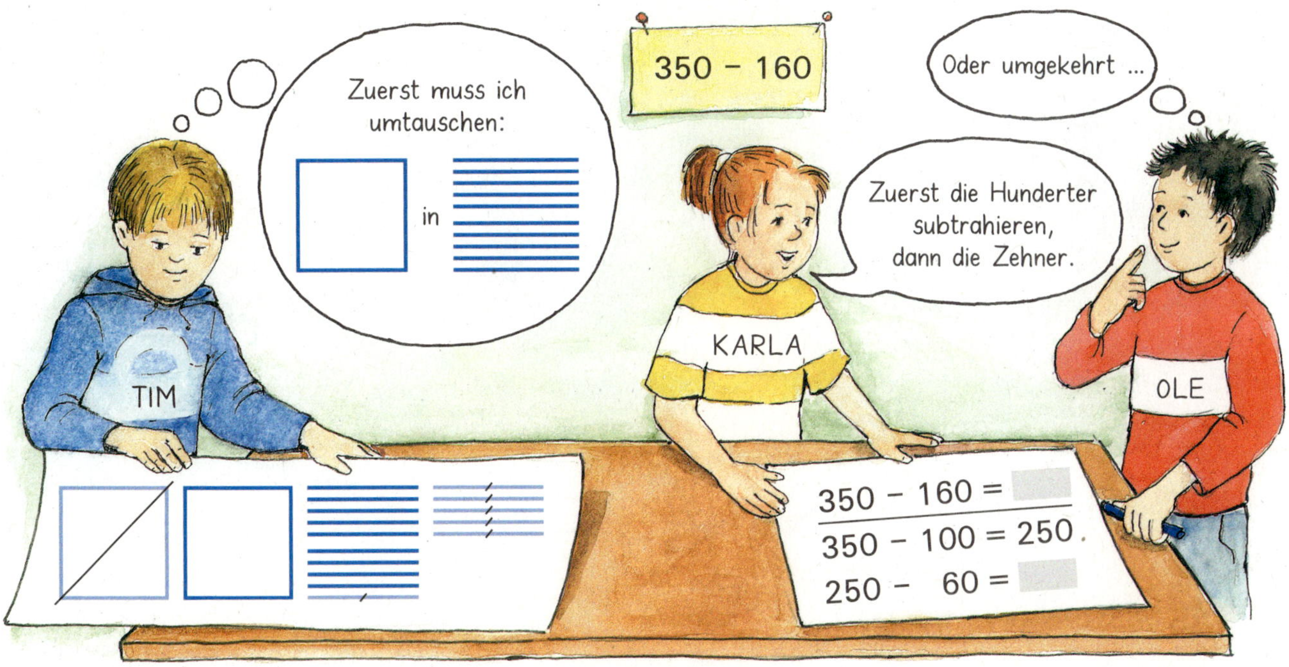

2 Wie rechnest du?

a) 360 – 140 4	b) 620 – 450 8	c) 320 – 130 10	d) 420 – 145 14
470 – 220 7	230 – 170 6	530 – 250 10	630 – 265 14
540 – 310 5	910 – 560 8	750 – 360 12	915 – 530 16
880 – 130 12	720 – 460 8	910 – 240 13	845 – 360 17

3 Immer 3 Fische haben dasselbe Ergebnis.

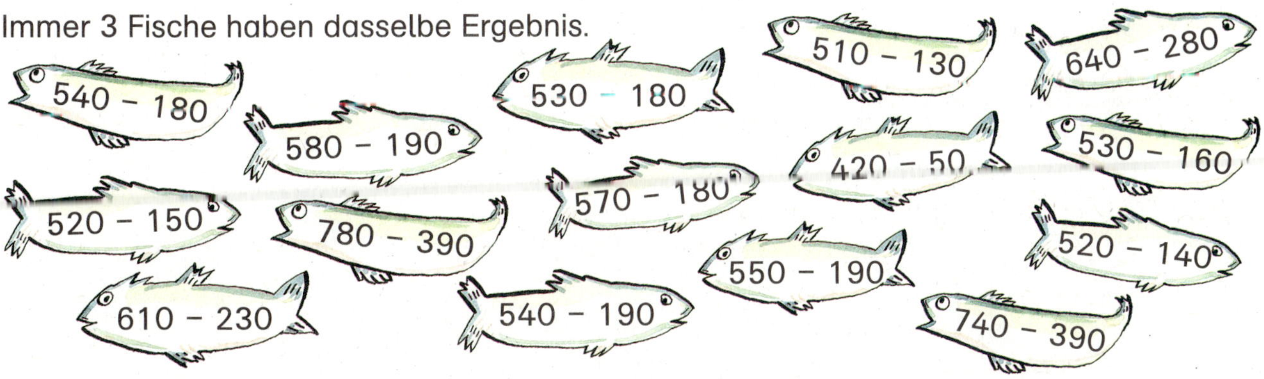

4

Verkürzte Schreibweise

1

2 Wie schreibst du?

a) 384 + 140 11
632 + 280 12
425 + 390 14
763 + 150 13

b) 540 + 363 12
750 + 174 15
320 + 446 19
670 + 255 16

c) 536 − 270 14
632 − 360 11
425 − 280 10
743 − 550 13

d) 543 − 460 11
856 − 470 17
327 − 140 16
672 − 290 13

3

a) Ich denke mir eine Zahl, addiere 280 und erhalte 653.

b) Ich addiere 130 zu meiner Zahl und erhalte 499.

c) Zu meiner Zahl addiere ich zuerst 140 und dann 280. Ich erhalte 999.

d) Ich subtrahiere 830 von meiner Zahl und erhalte 119.

e) Ich subtrahiere von der Hälfte von 700 das Doppelte von 175 und erhalte meine Zahl.

4

a) (330)

100		80
	110	

b) (330)

120	70	
130		

c) (660)

190		
290		
		250

d) (660)

		230
		220
260		

e) (990)

		380
390		
		340

f) (990)

340		
	330	
	290	

g) (45)

14		
		16

13 17 11 19 15 12 18

Vorteilhaft rechnen

1

2 Wie rechnest du?

a) 173 + 249 8
136 + 649 20
476 + 349 15
162 + 549 9

b) 259 + 453 10
539 + 377 16
169 + 242 6
729 + 194 14

3 Wie rechnest du hier?

148
150 − 2

a) 274 + 148 8
482 + 148 9
556 + 348 13
171 + 548 17

b) 238 + 183 7
368 + 254 10
578 + 364 15
128 + 686 13

4

Zuerst 150 subtrahieren, dann wieder 1 addieren.

316 − 149

Ich rechne lieber 317 − 150.

a) 316 − 149 14
632 − 349 13
425 − 249 14
713 − 549 11

b) 543 − 369 12
856 − 479 17
327 − 148 17
672 − 258 9

5

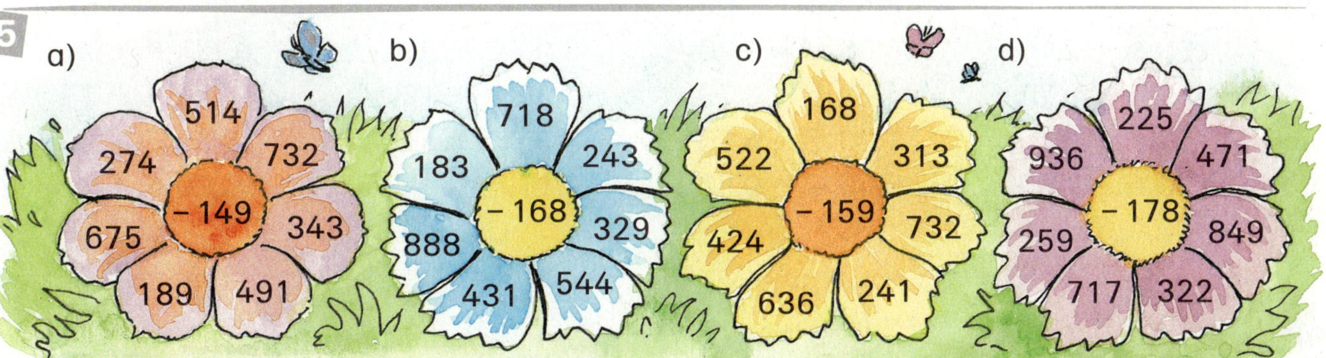

6 Karin erzählt:

a) „In meine Schule gehen 313 Kinder. 149 davon sind Mädchen."

b) „79 Mädchen und Jungen gehen in die ersten Klassen."

c) „228 Kinder meiner Schule haben Schulmilch bestellt."

d) „Direkt nebenan gibt es eine Hauptschule mit 469 Kindern."

1

2 Wie viel muss jedes Kind bezahlen?

a) HELGE
1 Döner
1 Wasser

b) EVI
1 Bockwurst
1 Saftschorle

c) SOPHIE
1 Kartoffelsalat
1 Wasser

d) LARS
1 Portion Pommes
1 Ketschup
1 Orangensaft

3

a)	b)	c)	d)
2,40 € + 1,30 €	3,10 € + 2,05 €	1,20 € + 0,65 €	12,40 € + 5,20 €
4,60 € + 2,10 €	6,80 € + 1,20 €	3,40 € + 0,55 €	10,35 € + 7,05 €
1,30 € + 5,70 €	4,20 € + 3,70 €	0,28 € + 1,70 €	14,45 € + 2,50 €
3,50 € + 2,40 €	1,20 € + 4,50 €	2,35 € + 4,05 €	22,30 € + 7,15 €
7,20 € + 1,80 €	5,40 € + 0,50 €	5,15 € + 0,85 €	45,60 € + 8,35 €

4

a) Meike hat Hunger und Durst. In ihrer Geldbörse sind 2,20 Euro.

b) Arne hat 3,80 Euro und er möchte sich etwas zum Essen und zum Trinken kaufen. Für den Bus braucht er noch 1,20 Euro.

c) Holger möchte sich einen Döner, eine Portion Pommes und etwas zum Trinken kaufen. Er bezahlt mit einem 5-Euro-Schein.

d) Tina hat nur halb so viel Geld wie Holger. Auch sie möchte etwas zum Essen und zum Trinken kaufen.

1

Die Verkäuferin gibt das Rückgeld und rechnet:

5,75 € —  → 5,80 € —  → 6 € —  → 10 €

2 Timo hat für 8,40 Euro eingekauft. Er zahlt mit einem 10-Euro-Schein.

Gib mit Rechengeld auf 10 Euro heraus und schreibe auf:

8,40 € + ___ € = 10 €

a)	b)	c)
8,40 €	6,95 €	0,90 €
5,80 €	8,05 €	0,55 €
2,70 €	4,65 €	7,05 €

3 Familie Lorenz gab im Supermarkt 67 Euro aus. Sie zahlt mit einem 100-Euro-Schein.
Gib mit Rechengeld auf 100 Euro heraus und schreibe so auf:

67 € + ___ € = 100 €

a)	b)	c)
67 €	95,50 €	49,90 €
34 €	79,50 €	19,90 €
17 €	38,50 €	60,30 €

4 Überprüfe das Rückgeld. Lege mit Rechengeld wie bei Aufgabe 1.

a)

Kaufbetrag	bezahlt mit	Rückgeld
5,34 €		4,66 €
9,89 €		0,11 €
4,45 €		5,65 €
6,39 €		13,61 €

b)

Kaufbetrag	bezahlt mit	Rückgeld
12,50 €		7,50 €
25,50 €		25,50 €
47,80 €		52,20 €
125,50 €		85,50 €

5 Schreibe Rechengeschichten zu den Geld-Beträgen.

a) Tim kauft für 8,75 Euro Speisen und Getränke. Er bezahlt mit ...

___ €   8,75 €

b)

___ €   27,35 €

c)

62,79 €   ___ €

a) Welches Puzzleteil passt hier?

ANNA

BERAT

CARLO

DAVID

b) Achtung: Jetzt sind die Muster verdreht!

EMELIE

FRANKA

GERHARD

HEIKE

c) Ein Puzzleteil bleibt übrig. Zeichne selbst ein Muster dazu.

1

a)

Zeichne eine Tabelle und trage ein.

Zahl	0	1	2	3
Anzahl der Hölzchen	6	2		

b) Aus welchen Zahlen kann man eine andere Zahl bilden, wenn man …

– genau ein Hölzchen umlegt.

– genau ein weiteres Hölzchen ergänzt.

2

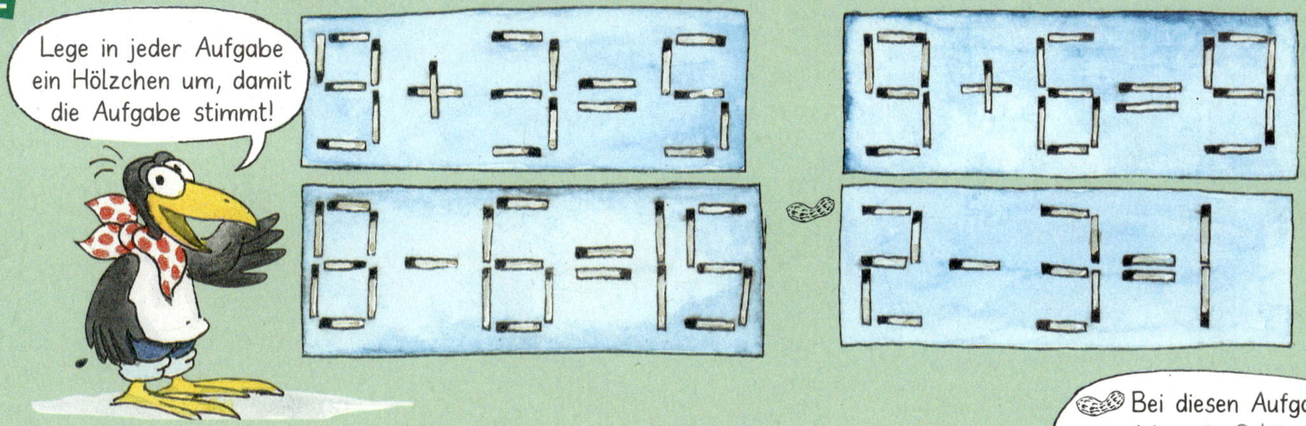

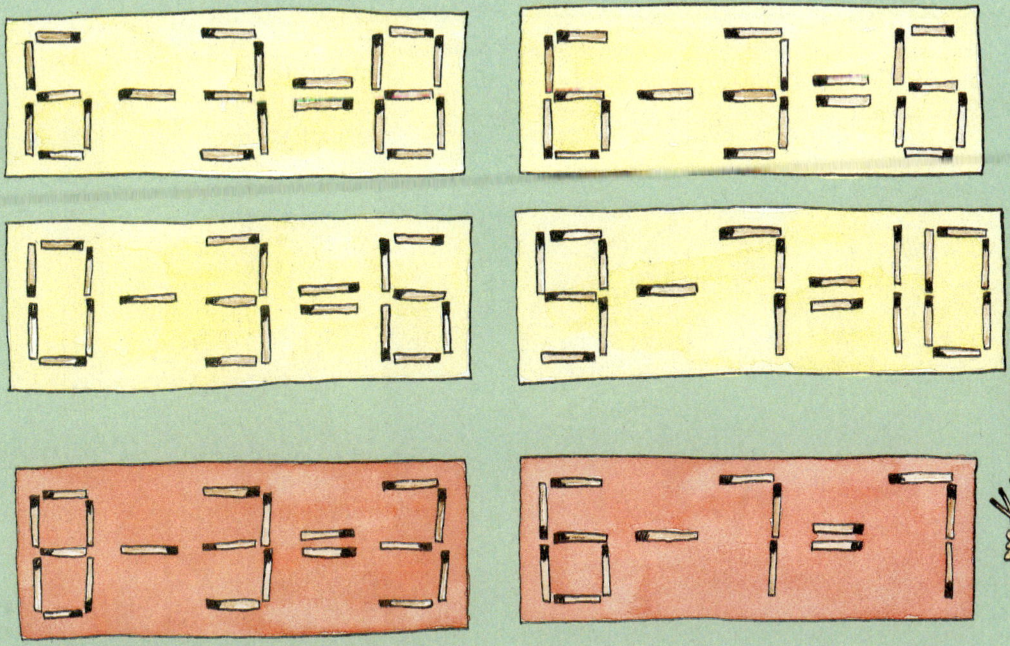

Denke dir weitere Knobelaufgaben für deinen Partner aus!

Findest du sogar eine Knobelaufgabe mit mehreren Lösungen?

Wasserschloss
Bärenhöhle
Kultur-
denkmal
Burgberg
altes Dorf
Neustadt
Rundweg (4 km)
Rundweg (5 km)
Rundweg (6 km)
Rundweg (8 km)
Wanderweg (6 km)
Standpunkt
So weit
in einer Stunde:
4 km
15 km
100 km
800 km
Welchen Weg wählen wir?
Ich möchte nur eine Stunde gehen.
Ich möchte zur Höhle.
Ich möchte das Schloss besichtigen. Wie weit ist das wohl ungefähr?
Ich nehme das Fahrrad. Das ist schneller.
STEFFI
LISA
TOM
SVEN
SINA
TOBI
TIM

1

Wie lang ist dein Schulweg? Zähle die Schritte.

Zwei Schritte sind ungefähr einen Meter lang.

2 Verschiedene Schulwege:

Name	gemessen	Meter
Paul	480 Schritte	240 m
Ebru	500 Schritte	m
Christiane	80 Schritte	m

a) Wie viele Meter müssen die Kinder ungefähr zur Schule laufen?
b) Wer hat den kürzesten Weg? Wer hat den längsten?
c) Wie lange brauchst du für deinen Schulweg?

3

1 Kilometer = 1 000 Meter
1 km = 1 000 m

a) Welche Gebäude, Geschäfte oder Orte sind einen Kilometer von deiner Schule entfernt?
b) Was erreichst du in 500 Metern von deiner Wohnung aus?

4 Welche Entfernungen wurden etwa zurückgelegt?

5 Ordne die Entfernungen.

4 km | 3 km 800 m | 3000 m | 950 m | 3 km 80 m | 10 km

6 Wie viele Meter fehlen bis 1 km?

875 m + ▢ m = 1 km

a) 875 m, 640 m, 928 m, 360 m, 455 m
b) 505 m, 901 m, 100 m, 799 m, 95 m
c) 680 m, 805 m, 85 m, 500 m, 995 m

Kommaschreibweise bei Meter und Zentimeter

Das Komma trennt Meter und Zentimeter:
3,11 m = 3 m 11 cm = 311 cm

1 Schreibe alle drei Schreibweisen.

128 cm = 1 m 28 cm = 1,28 m

a)	b)	c)
128 cm	108 cm	76 cm
230 cm	180 cm	101 cm
185 cm	205 cm	8 cm

2 Schreibe mit Komma. *120 cm = 1,20 m*

a)	b)	c)
120 cm	155 cm	80 cm
243 cm	990 cm	105 cm
95 cm	1 000 cm	150 cm
400 cm	685 cm	15 cm

3 Was gehört zusammen? Immer zwei Längenangaben ergeben einen Meter.

40 cm + 0,60 m = 1 m

2 cm; 30 cm; 0,08 m; 40 cm; 0,70 m; 0,60 m; 0,75 m; 0,90 m; 0,10 m; 0,50 m; 95 cm; 0,98 m; 0,50 m; 5 cm; 92 cm; 25 cm

4 < oder > oder = ?

134 cm ■ 1,30 m	1 m 6 cm ■ 1,60 m
85 cm ■ 8,50 m	2 m 30 cm ■ 0,23 m
105 cm ■ 1,50 m	1 m 5 cm ■ 1,05 m
5 cm ■ 0,05 m	4 m 70 cm ■ 4,07 m

5 Ordne nach der Länge.

a) 240 cm; 1,85 m; 4 m 2 cm; 3 m
b) 40 cm; 3 m 80 cm; 5 m; 2,86 m
c) 95 cm; 9 cm; 0,99 m; 0,95 m
d) 0,21 m; 12 cm; 1 m 20 cm; 12 m

6 Rekorde!

Weitester Sprung aus dem Stand
Arne Tvervaag (N) gelang 1968 ein 3,71 m weiter Sprung aus dem Stand. Annelin Mannes (N) schaffte am 7. März 1981 in Flisa (N) mit 2,92 m die bis heute gültige Rekordweite bei den Frauen.

a) Wie weit springst du?

Weitester Kartenwurf
Der Rekord im Weitwurf einer einzelnen Spielkarte beträgt 65,96 m, aufgestellt von Rick Smith Jr. (USA) am 21. März 2002 in Cleveland State Convocation, Ohio (USA).

b) Wie weit wirfst du eine Spielkarte?
c) Welche Rekorde gibt es an deiner Schule?

1 Wie lang sind die Gegenstände? Suche Gegenstände, die kürzer als 5 Zentimeter sind.

1 Zentimeter = 10 Millimeter
1 cm = 10 mm

2 Miss genau und schreibe in eine Tabelle.

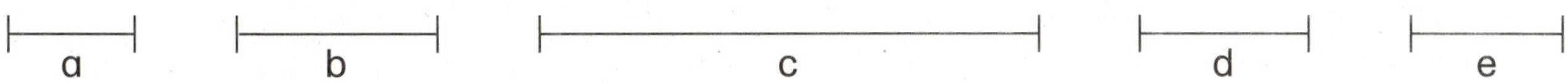

3 In einem Tierbuch steht:

a) Mondfliege (Länge): 14 mm
b) Weinbergschnecke (Länge): 6 cm 6 mm
c) Glühwürmchen (Länge): 10 mm
d) Waldmaus (Länge): 7 cm 3 mm
e) Zitronenfalter (Flügelspannweite): 55 mm

Zeichne für die Größe der Tiere entsprechende Strecken.

4 Schreibe in Millimeter.

1 cm 6 mm = 16 mm

a)	b)	c)
1 cm 6 mm	5 cm 9 mm	13 cm
2 cm 5 mm	9 cm 6 mm	20 cm
4 cm 2 mm	10 cm 4 mm	35 cm
8 cm 8 mm	12 cm 8 mm	72 cm

5 Es sollen 6 cm sein. Wie viele mm fehlen? Zeichne und schreibe.

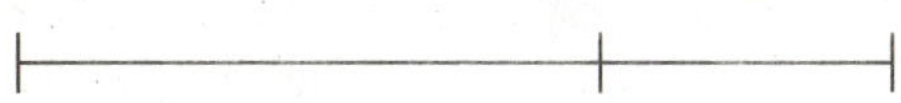

40 mm + ▢ mm = 6 cm

a) 40 mm, 51 mm, 48 mm, 55 mm
b) 38 mm, 59 mm, 12 mm, 8 mm

6 Welches Tier hat den längsten Weg?

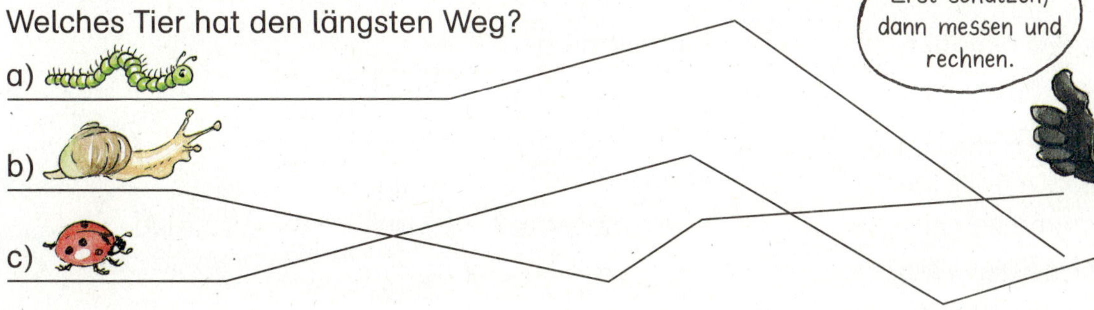

1

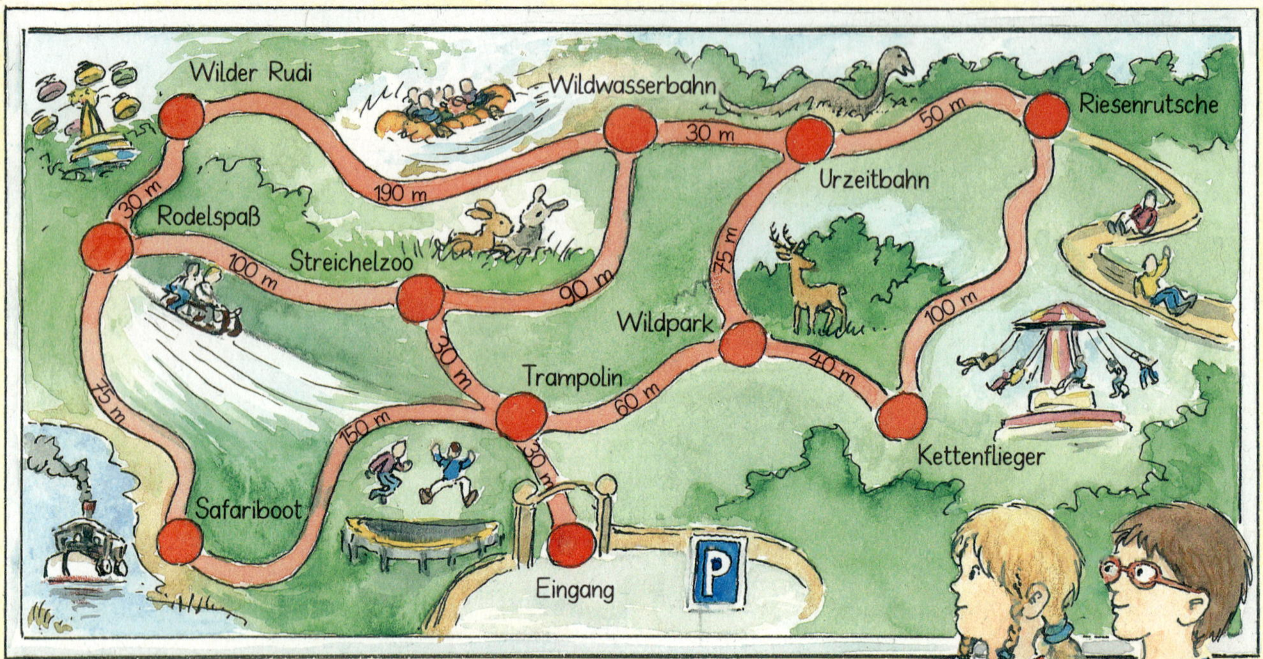

Beate möchte zu folgenden Attraktionen:
Wildpark, Urzeitbahn, Streichelzoo, Wilder Rudi und Safariboot.
Simon wählt andere Attraktionen aus:
Trampolin, Wildpark, Kettenflieger, Riesenrutsche,
Urzeitbahn und Wildwasserbahn.
Zeige die verschiedenen Attraktionen oben auf dem Plan.

2 Beide Kinder zeichnen eine Skizze ihres Weges.

a) Was bedeuten die Pfeile auf den Skizzen?
b) Was bedeuten die ausgefüllten Punkte?
c) Wer hat welche Skizze gezeichnet?
d) Wie lang ist Beates Weg?
e) Wie lang ist Simons Weg?
f) Wie groß ist der Unterschied?

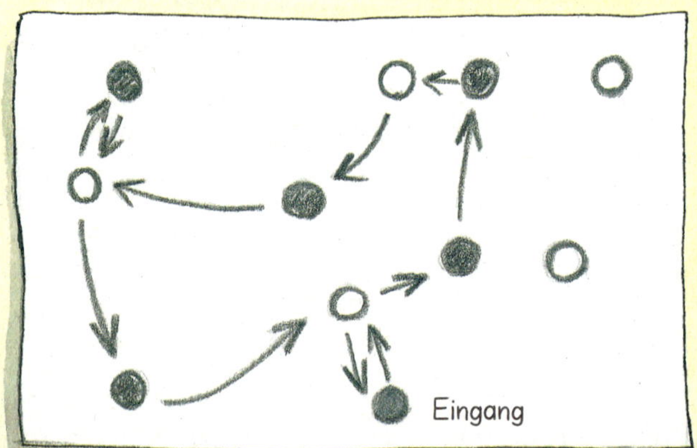

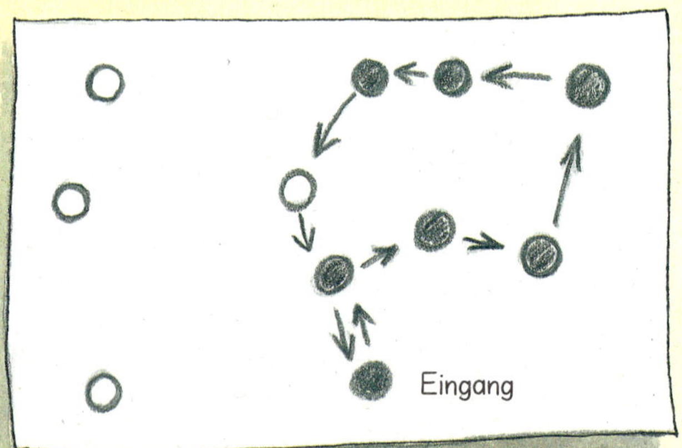

3 a) Welche Attraktionen möchtest du im Erlebnispark besuchen? Überlege, wie du laufen würdest und zeichne eine Skizze des Weges.

b) Findest du den kürzesten Weg, auf dem man zu allen Attraktionen kommt? Wie lang ist er?

Wiederholung

EINMALEINS-TRAINER

6 → · 6 → □ → : 4 → □ → · 8 → □ → : 9 → □ → : 2 → 4

4 → · 9 → □ → : 6 → □ → · 4 → □ → : 4 → □ → · 7 → □ → : 6 → □ → · 8 → □ → : 8 → □ → + 2 → 9

6 → · 2 → □ → : 4 → □ → · 8 → □ → : 4 → □ → · 9 → □ → + 10 → □ → : 8 → □ → · 5 → □ → : 10 → 4

4 → : 2 → □ → · 9 → □ → : 3 → □ → · 9 → □ → : 6 → 9

1 Ordne die Zahlen nach der Größe.

a) 543 587 589 555 590 521 578 600

b) 227 326 328 212 428 427 207 226

2

a)	b)	c)	d)
290 + 20 4	234 + 70 7	810 − 80 10	391 − 90 4
380 + 30 5	244 + 60 7	720 − 70 11	491 − 80 6
470 + 40 6	254 + 50 7	610 − 60 10	591 − 70 8
560 + 50 7	264 + 40 7	510 − 50 10	691 − 60 10

3 Setze >, < oder = ein.

a) 254 + 55 □ 300
264 + 60 □ 300

b) 577 − 78 □ 500
567 − 67 □ 500

c) 325 + 125 □ 450
225 + 225 □ 450

4 Was passt zusammen? Bilde Paare.

9 cm   5 cm   Füller   13 cm   Radiergummi   21 cm   36 cm   Mathebuch   Kreide   Schultasche

5 Schreibe als Kommazahlen und ordne nach der Länge.

325 cm = 3,25 m

325 cm   3 m 4 cm   99 cm   107 cm   3 m 8 cm   3 m

6 Schreibe in Euro und Cent.

1,34 € = 1 € 34 ct

1,34 €   0,50 €   297,40 €   62,99 €   9,05 €   0,07 €

Körper

1

Würfel	Quader	Pyramide	Zylinder	Kegel	Kugel
	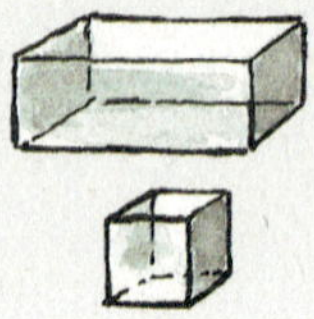	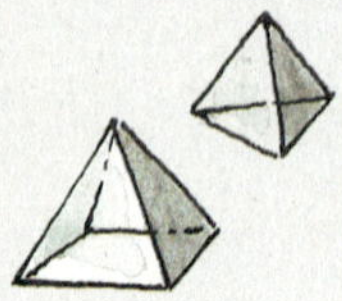		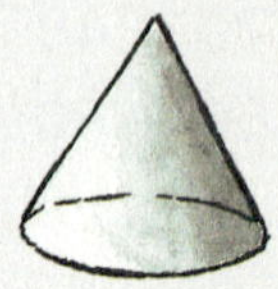	

a) Welche Körper erkennst du auf dem Bild? Welche Flächen?
b) Nenne zu jedem Körper weitere Gegenstände.
c) Baue Körper mit Zahnstochern und Knetkugeln. Vergleiche sie.

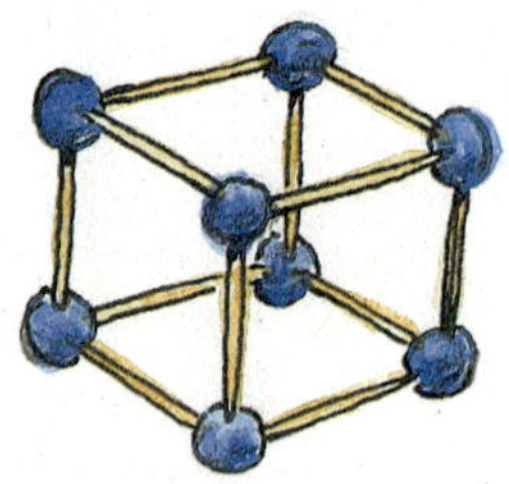

2 Wie viele Ecken, Flächen und Kanten haben die einzelnen Körper? Erstelle Körper-Steckbriefe.

Quader – Steckbrief

	Anzahl
Ecken	8
ebene Flächen	
gewölbte Flächen	
gerade Kanten	
gekrümmte Kanten	

3 Geoquiz: Um welche Körper handelt es sich? Wo gibt es mehrere Lösungen?

a) 8 Ecken und 12 Kanten
b) 6 gleiche Flächen
c) nur 2 Kanten
d) nur eine Fläche
e) genau 8 Kanten
f) weder Ecken noch Kanten
g) genau 3 Flächen
h) nur 2 Flächen
i) nur gekrümmte Kanten
j) gewölbte und ebene Flächen

Zu Aufgabe 2 Kopiervorlage im Lehrerband.

1 Wie viele Würfel passen in die Schachteln?

2 a) Aus wie vielen Würfeln sind die Körper zusammengesetzt?

b) Wie viele Würfel musst du mindestens hinzufügen, damit ein Quader entsteht?

3 Stelle 2 Streichholzschachteln auf, wie hier dargestellt.

a) Schaue von links wie Sanni und zeichne. Schaue dann von rechts wie Tim und zeichne wieder.

b) Schaue und zeichne auch von vorn, von hinten und von oben.

4 a) Stelle 2 Streichholzschachteln so auf, wie es die Abbildungen zeigen.

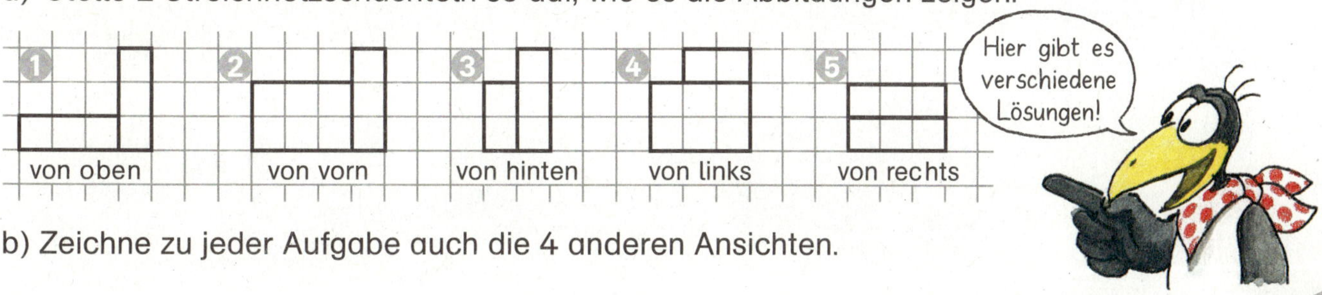

b) Zeichne zu jeder Aufgabe auch die 4 anderen Ansichten.

Quadercity

1 Aus wie vielen Quadern bestehen die Gebäude?

Gebäude	Anzahl der Quader
1	9
2	
3	

2

3 Welche Gebäude gehören zu diesen Bauplänen? Notiere die Lösungen im Heft.

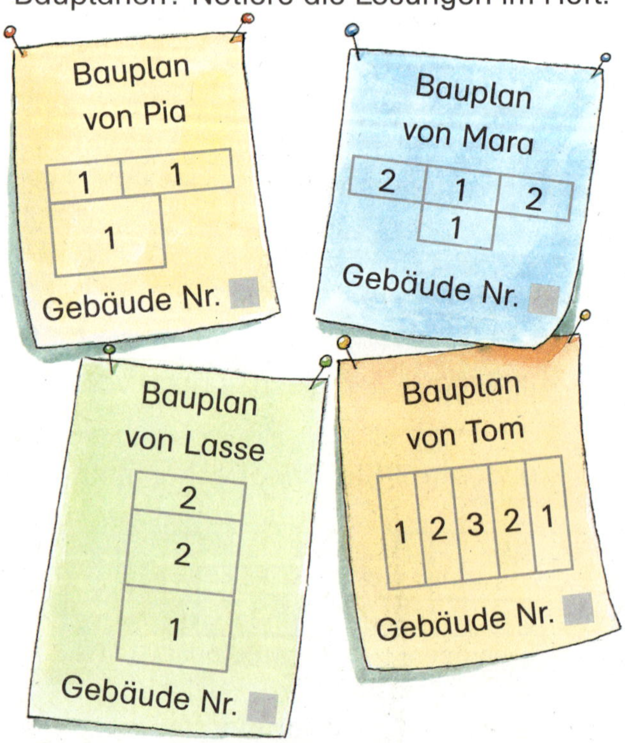

4 Zeichne die fehlenden Baupläne.

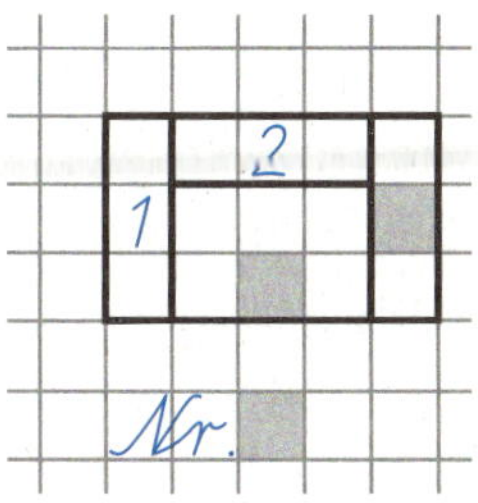

5 Vergleiche.

a) Wodurch unterscheiden sich die Häuser 6 und 8 (die Häuser 7 und 9)?

b) Was haben folgende Baupläne gemeinsam? Baue!

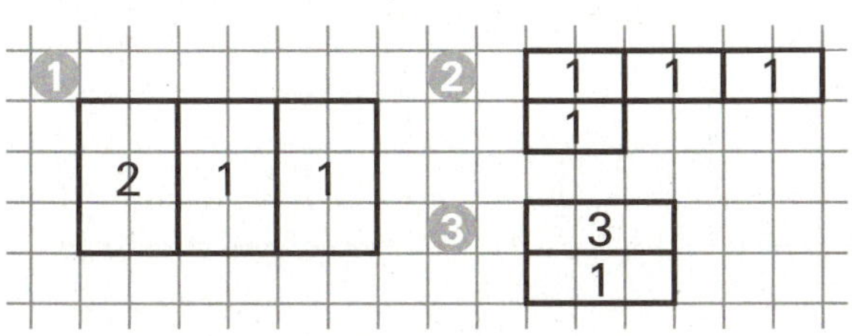

6 Baue selbst neue Gebäude nach Plan.

Quadernetze

1 Hier wurde eine Schachtel so aufgeschnitten, dass sie nicht in Einzelteile zerfällt. Es entsteht ein Quadernetz.

a) Entlang welcher Kanten wurde geschnitten?

b) Wie viele Kanten wurden aufgeschnitten?

c) Zeige Flächen, die sich am Quader gegenüberliegen.

2 Schachteln wurden verschieden aufgeschnitten. Zeichne die Quadernetze auf Karopapier.

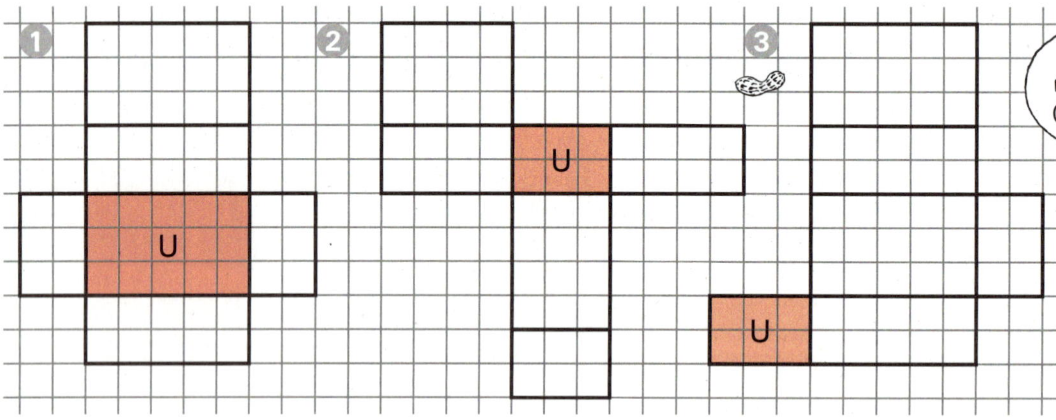

a) Falte zuerst im Kopf. Die rote Fläche liegt **u**nten. Welche Fläche ist dann **o**ben (**v**orn und **h**inten, **l**inks und **r**echts)? Trage die Buchstaben **o** (**v** und **h, l** und **r**) ein.

b) Schneide die Netze aus und falte. Stimmen die eingetragenen Buchstaben?

3 Sanni, Kimia und Carlo haben Figuren gezeichnet. Kann man sie zu einem Quader falten? Überprüfe!

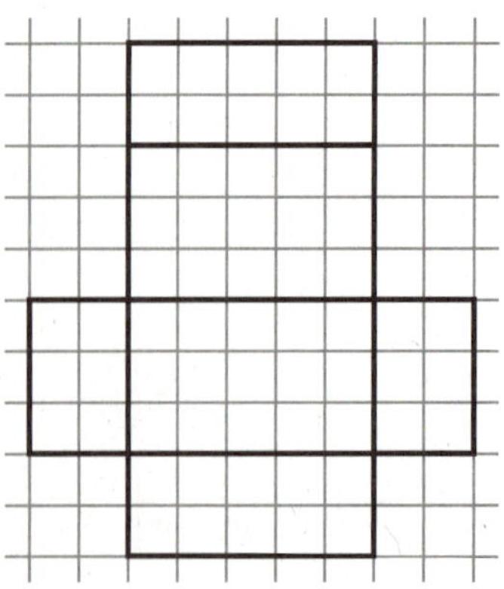

SANNI

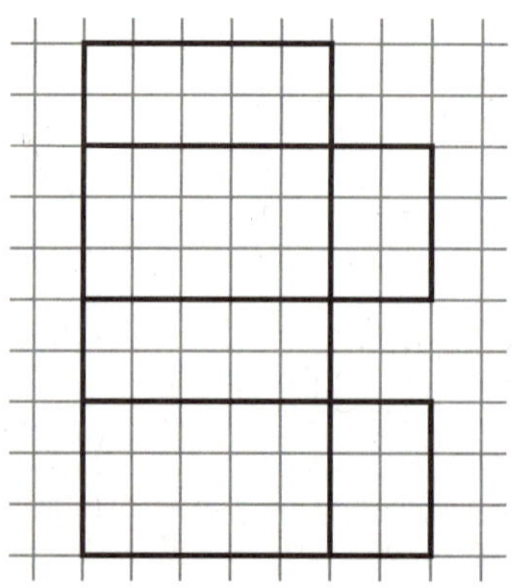

KIMIA

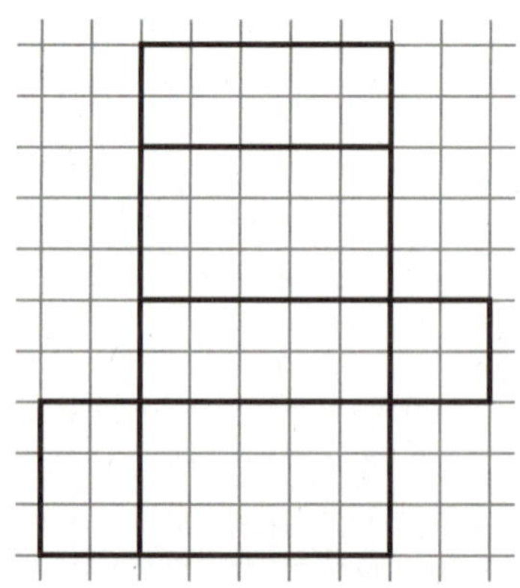

CARLO

1

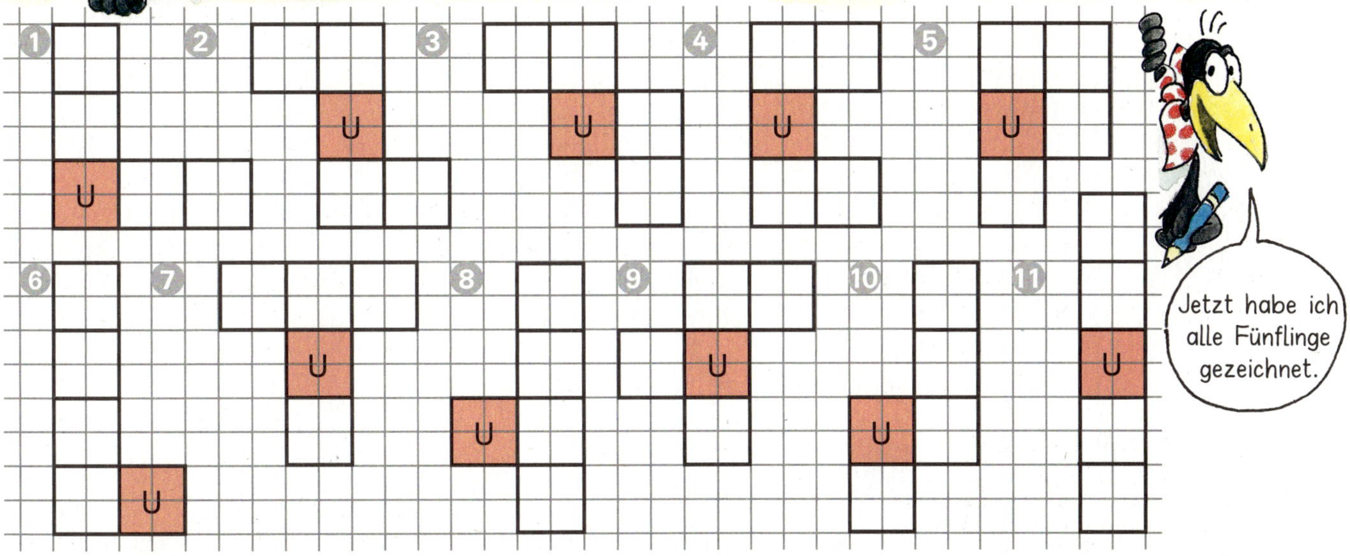

a) Zeichne die Fünflinge auf Karopapier.

b) Aus welchen Fünflingen kannst du einen oben offenen Würfel bilden? Trage bei diesen ein, welche Fläche dann **v**orn (**v**), **h**inten (**h**), **l**inks (**l**) und **r**echts (**r**) liegt.

c) Fahre Kanten, die beim Falten zusammenstoßen, mit der gleichen Farbe nach.

2 Falte die Netze so zu einem Würfel, dass die blaue Fläche oben ist.
Welche Augenzahlen liegen nach dem Falten links (rechts, vorn, hinten und unten)?

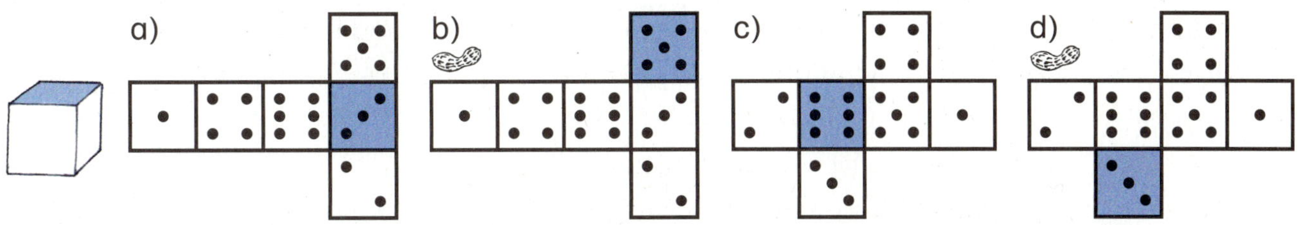

3 a) Welche Figuren zeigen ein Würfelnetz?
Zeichne diese ab, beschrifte sie, schneide sie aus und falte.

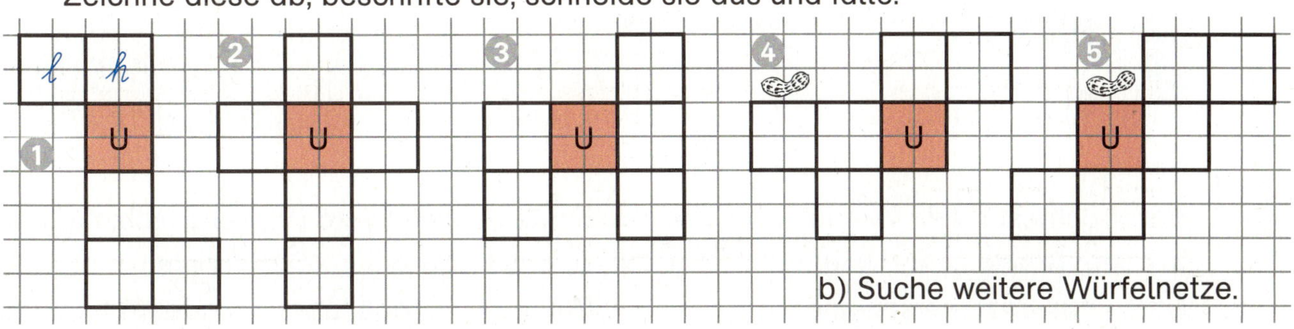

b) Suche weitere Würfelnetze.

1 Es existieren insgesamt 12 verschiedene Quadratfünflinge, die man nicht durch Drehen oder Spiegeln aufeinander abbilden kann.

1

Susen lernt schon 3 Jahre Gitarre zu spielen. Nun wünscht sie sich eine eigene Gitarre, ein Gitarrenband, einen Notenständer und ein Gitarrenbuch.

Susen überschlägt und rechnet schnell im Kopf:

187,99 €	sind ungefähr	200 €
7,89 €	ungefähr	10 €
16,75 €	ungefähr	20 €
12,95 €	ungefähr	20 €

Alles zusammen kostet ungefähr 250 Euro.

Jan überschlägt so:

187,99 €	sind ungefähr	190 €
7,89 €	ungefähr	8 €
16,75 €	ungefähr	17 €
12,95 €	ungefähr	13 €

Alles zusammen kostet ungefähr 228 Euro.

Kristin überschlägt so:

187,99 €	sind ungefähr	180 €
7,89 €	ungefähr	7 €
16,75 €	ungefähr	15 €
12,95 €	ungefähr	10 €

Alles zusammen kostet ungefähr 212 Euro.

Was denkst du über diese Überschläge?

2 a) Was möchtest du dir von den Artikeln aus dem Schaufenster kaufen? Wähle aus und überschlage.

b) Schreibe eine kurze Rechengeschichte zu den Artikeln im Schaufenster. Stelle eine Frage, überschlage und antworte.

1 Die Astrid-Lindgren-Schule kauft neue Musikinstrumente für den Unterricht. Überschlage die Kosten.

a) Die vierten Klassen brauchen ein Regenrohr, ein Glockenspiel, Bongos und ein Xylophon. Reichen 300 Euro dafür aus?

b) Die dritten Klassen haben auch 300 Euro zur Verfügung. Sie benötigen eine Pauke, eine Kuhglocke und Bongos. Reicht das Geld auch noch für ein Regenrohr?

c) Für die zweiten Klassen gibt es 150 Euro. Sie brauchen ein Xylophon. Was könnten sie vom restlichen Geld noch kaufen?

Preiswochen im Musikhaus Renner

Schulflöte	28,80 €
Tasche für Schulflöte	7,99 €
Triangel	13,79 €
Rassel	7,85 €
Vogelflöte	15,45 €
Klanghölzer (2 Stück)	8,69 €
Regenrohr	36,50 €
Glockenspiel	22,35 €
Handtrommel	18,79 €
Bongos	53,70 €
Glockenstab	5,50 €
Pauke	137,80 €
Xylophon	126,75 €
Kastagnetten	27,60 €
Kuhglocke	21,19 €

2 Die Kinder wünschen sich Instrumente. Sie überschlagen die Kosten. Wer hat sich welche Instrumente ausgesucht?

ULI
16 € + 30 € + 25 €

ANNA-LENA
40 € + 55 € + 10 €

JANINE
130 € + 8 €

CHRISTINE
20 € + 15 € + 22 €

MIKE
30 € + 8 € + 6 €

Was suchst du dir aus?

3 Reicht das Geld? Auf welchen Überschlag kommst du?

a) 189,37 € + 248,66 €
Max hat 450 Euro.

685,70 € + 214,55 €
Inga hat 800 Euro.

112,75 € + 76,99 €
Maren hat 200 Euro.

b) 745,29 € + 65,83 €
Tina hat 850 Euro.

45,82 € + 447,65 €
Lukas hat 900 Euro.

286,35 € + 311,79 €
Hanna hat 600 Euro.

4 Schreibe jeweils nur einen Überschlag auf.

a)	b)	c)
13,99 € + 145,76 €	35,79 € + 458,66 €	35,67 € + 14,78 € + 28,92 €
47,57 € + 32,15 €	734,86 € + 17,63 €	41,85 € + 9,67 € + 36,75 €
282,98 € + 69,77 €	62,19 € + 289,17 €	68,14 € + 7,59 € + 11,48 €
93,78 € + 51,99 €	74,83 € + 356,89 €	157,96 € + 48,76 € + 3,99 €

1 Die Schüler haben verschiedene Ziele für den Schulausflug vorgeschlagen. Sie rechnen aus, wie viel der Ausflug für jedes Kind jeweils kosten würde.

Busfahrt zum Vogelsee: 5,20 €

Fahrt mit der U-Bahn: 2,40 €
Fahrt mit der Eisenbahn: 3,70 €

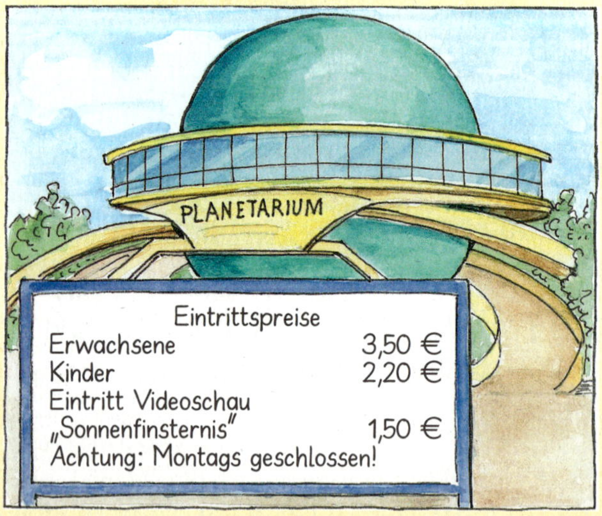

Fahrt mit der S-Bahn: 3,60 €

Bus zum Freizeitpark: 2,60 €

2 Plant ihr auch einen Ausflug? Erkundige dich nach den Preisen für die Fahrt und den Eintritt. Überlege, welche weiteren Kosten entstehen.

1 In der Klasse 3c stimmen die Kinder ab, wohin der Ausflug gehen soll. Sie zeichnen ein Blockbild zum Abstimmungsergebnis. Dabei zeichnen sie ein Kästchen für ein Kind.

a) Wie viele Kinder haben sich jeweils für welches Ziel entschieden?

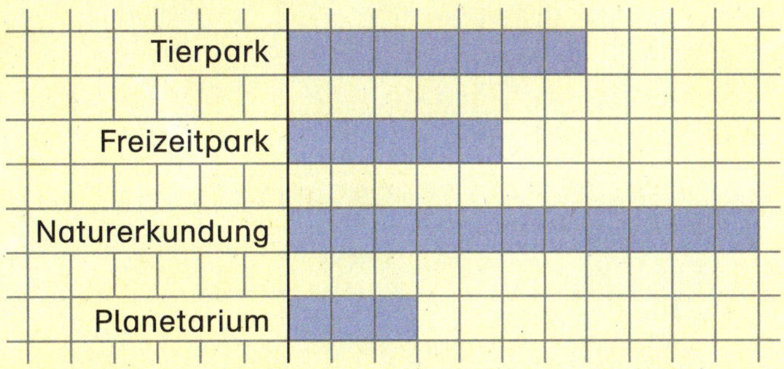

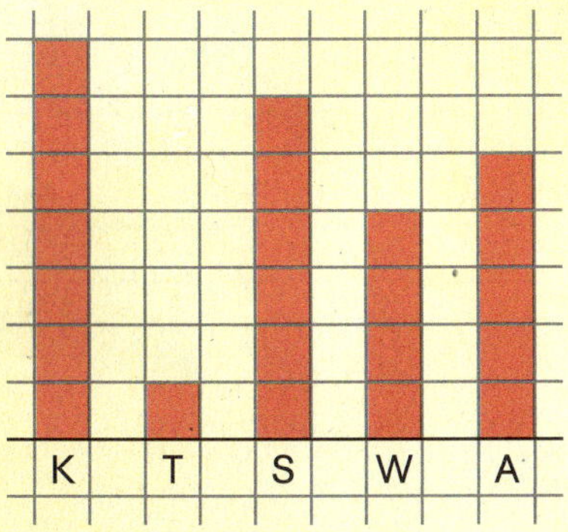

b) Um Geld zu sparen, bringen viele Kinder ihr Getränk zum Schulausflug mit. Wie viele Kinder haben Kakao (K), Tee (T), Saft (S), Wasser (W) oder Apfelschorle (A) dabei?

c) Wie viele Kinder haben kein Getränk dabei?

2

Die 54 Kinder der 3. Klassen haben unterschiedliche Freizeitbeschäftigungen. Sport liegt an der Spitze. Nur halb so viele Kinder lesen ein Buch. Die wenigsten Kinder machen Musik in der Freizeit und nur wenige mehr malen Bilder. Gleich viele Kinder basteln gerne oder haben eine andere Beschäftigung in ihrer Freizeit.

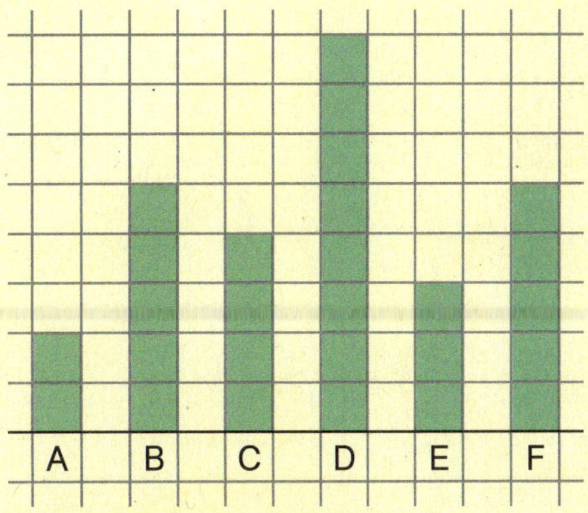

Löse das Rätsel mit Hilfe des Blockbilds.

a) Welcher Balken im Blockbild steht für welche Freizeitbeschäftigung?

b) Wie viele Kinder sind es jeweils?

c) Macht eine Umfrage in eurer Klasse und erstellt ein Blockbild dazu.

3 a) Wie lange dauert der Schulweg? Erstelle eine Tabelle für deine Klasse.

weniger als 5 Minuten	5 bis 15 Minuten	länger als 15 Minuten

Zeichne ein Blockbild.

b) Martin hat 10 Minuten lang die vorbeifahrenden Fahrzeuge vor der Schule gezählt.

卌 卌 II	卌 I	卌 卌 卌 IIII	卌 III	卌 卌 I

Zeichne ein Blockbild.

Schriftlich addieren

1

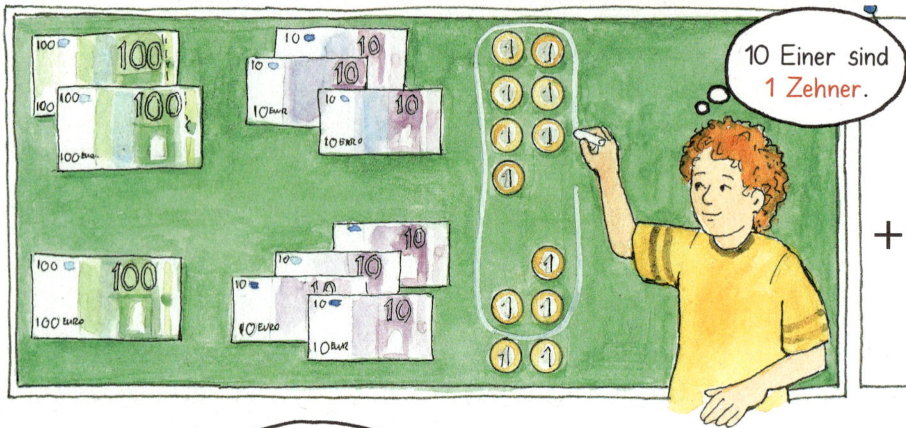

	H	Z	E
	2	3	7
+	1	4 (1)	5
	3	8	2

	H	Z	E
	2	3	7
+	1	4	5
		1	
	3	8	2

Isa spricht so:

5 + 7 = 12, schreibe **2**, übertrage 1,
1 + 4 + 3 = 8, schreibe **8**,
1 + 2 = 3, schreibe **3**.

2

	H	Z	E
	4	2	7
+	2	5	4
		1	
			1

	H	Z	E
	3	7	8
+	4	1	5

	H	Z	E
	6	8	5
+	3	1	2

	H	Z	E
	1	5	6
+	7	2	6

	H	Z	E
	5	4	7
+	2	3	2

	H	Z	E
	3	3	8
+	5	4	4

	H	Z	E
	8	2	3
+	1	7	4

	H	Z	E
	3	4	5
+	4	3	4

	H	Z	E
	7	3	8
+		5	5

	H	Z	E
		8	6
+	5	9	5

3

a) 124 + 249 + 451
b) 227 + 306 + 419
c) 346 + 218 + 188
d) 118 + 716 + 109
e) 206 + 256 + 387
f) 167 + 346 + 259

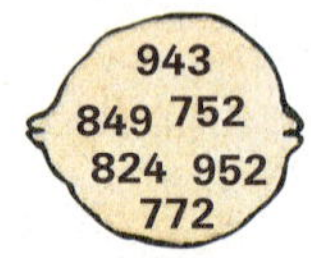

1 Schreibe untereinander und addiere.

a) 366 + 379
598 + 299
186 + 438
578 + 407
196 + 627

b) 578 + 85
75 + 728
856 + 75
54 + 576
639 + 99

897 823 738 931 663 745 803 624 630 985

c) 408 + 373
647 + 288
259 + 487
454 + 376
509 + 304

d) 162 + 416 + 254
609 + 154 + 68
257 + 243 + 166
187 + 99 + 345
76 + 479 + 103

781 832 746 813 831 666 658 631 935 830

2 Finde Rechenfehler! Bei einigen Aufgaben reicht der Überschlag.

347 + 238 = 575	209 + 785 = 994	626 + 134 = 760	267 + 512 = 789	183 + 498 = 781
482 + 301 + 196 = 879	571 + 49 + 124 = 744	358 + 454 + 59 = 861	76 + 824 + 99 = 899	196 + 695 + 119 = 1010

3

4 Rechne die Aufgaben in dieser Reihenfolge:

a) 6 Aufgaben ohne Übertrag
b) 6 Aufgaben mit einem Übertrag
c) 6 Aufgaben mit zwei Überträgen

183 + 716
235 + 323
352 + 483
408 + 291
780 + 137
176 + 624
368 + 631
654 + 268
418 + 254
469 + 287
646 + 252
785 + 115
533 + 364
637 + 236
376 + 515
364 + 477
175 + 652
384 + 436

Schriftlich addieren mit Kommazahlen

1

Was möchtest du kaufen?

SCHREIBWAREN
DOHMEN

BUCH	14,95
SCHERE	4,85
PAPIER	0,49
SUMME EUR	20,29*

	1	4	9	5
+		4	8	5
+		0	4 (1)	9
				9

2 Überschlage zuerst, rechne dann genau. Vergleiche die Ergebnisse.

a) Ü: 15 € + 20 € + 2 € = 37 €

	14,63 €
+	19,81 €
+	2,19 €
	€

b) 11,23 € + 12,82 € + 6,34 €

c) 54,69 m + 24,57 m + 19,37 m

d) 49,56 m + 34,30 m + 2,46 m

3

a) 16,94 € + 47,23 € + 4,11 € 24
3,51 € + 28,68 € + 13,87 € 16
34,43 € + 10,54 € + 22,66 € 22
18,17 € + 5,36 € + 42,72 € 19

b) 15,34 m + 24,88 m + 23,76 m 26
53,07 m + 0,78 m + 32,63 m 26
0,99 m + 76,74 m + 19,54 m 25
35,07 m + 16,95 m + 47,98 m 1

4 Sind immer 200 Euro im Geldbeutel?

a)

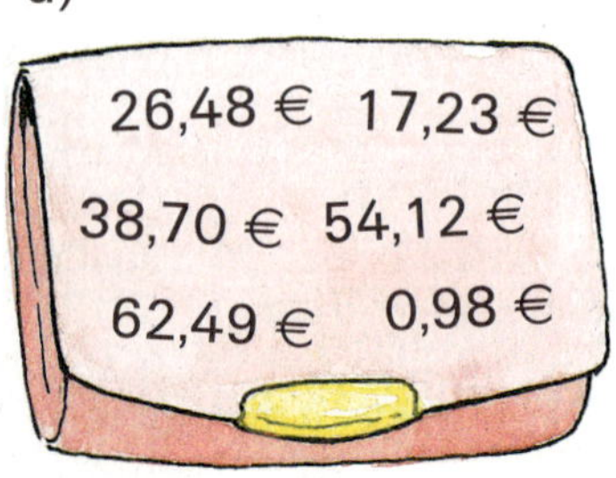

b)

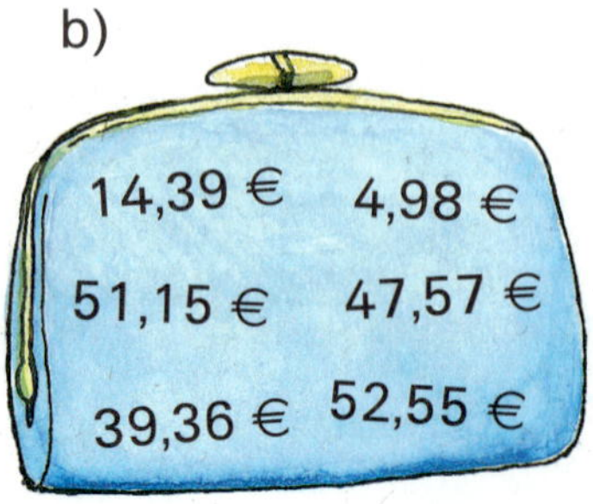

c)

1 Entscheide, wie du rechnest.

2 Wie rechnest du hier? Entscheide bei jeder Aufgabe neu.

3 Flaschenpost

1 Stelle Fragen und beantworte sie.

a) Laura spielt in der Hockey-Mannschaft des Sportvereins. Die Hockey-Schuhe und den Schläger müssen ihre Eltern selbst kaufen.

b) Jan ist nicht in einem Sportverein, aber er fährt mit Begeisterung Skateboard. Dazu braucht er ein Skateboard und die passenden Schuhe.

c) Jule spielt schon in der 1. Schülermannschaft des Tennisclubs. Sie wünscht sich einen neuen Schläger, Tennisschuhe und ein Stirnband.

d) Helge spielt beim 1. FC Bachhausen in der Schülermannschaft. Er braucht dazu ein Paar Fußballschuhe, Schienbeinschoner und Stutzen. Das Fußballtrikot und die Hose stellt der Verein zur Verfügung.

2 Meike hat 120 Euro in ihrem Sparschwein. Sie kauft sich Hockey-Schuhe und ein Stirnband. Bleibt noch genügend Geld für Stutzen übrig?

3 Robert bekommt von seinen Eltern 60 Euro für neue Fußballschuhe und Stutzen. Reicht das Geld?

4 a) Welchen Sport betreibst du?
b) Bist du auch in einem Sportverein?

5 a) Was würdest du dir auswählen?
b) Wie viel müsstest du bezahlen?

6 Zum Fußballmeisterschaftsspiel muss die Schülermannschaft 212 km weit fahren. Auf der Rückfahrt gibt es einen Stau und der Bus muss einen Umweg von 53 km machen. Wie lang ist die Gesamtstrecke?

7 Schreibe eigene Rechengeschichten zum Thema Sport. Gib sie anderen Schülern deiner Klasse zur Lösung. Sammle die Aufgaben in einer gemeinsamen Klassenkartei.

Im Sportverein

1 Zu den Heimspielen der Mannschaften kommen viele Zuschauer.

a) Wie viele waren es jeweils in den Monaten Februar, März und April?

b) Wie viele kamen insgesamt an den 1. Wochenenden? Wie viele waren es an den 2., 3. und 4. Wochenenden?

c) Wie viele Fans waren insgesamt im Februar, März und April bei den Auswärtsspielen?

	Wochenende			
Monat	1.	2.	3.	4.
Februar	175	289	205	314
März	187	438	221	76
April	214	153	372	209

2 Auch zu den Schüler-Spielen des 1. FC kommen einige Zuschauer. So viele waren an den Wochenenden im März und April dabei:

März: 78 / 135 / 84 / 119

April: 123 / 83 / 117 / 136

a) Erstelle eine Tabelle mit den Zuschauerzahlen.

b) Wie viele Zuschauer kamen im März, wie viele im April?

c) Wie viele Zuschauer waren es insgesamt in beiden Monaten?

3 Die Tennisplätze müssen während des Jahres immer wieder hergerichtet werden. Die verschiedenen Mannschaften helfen an den Wochenenden. So viele Arbeitsstunden haben die Mannschaften schon gearbeitet:

Schüler A Jungen: 167 Stunden

Schüler A Mädchen: 246 Stunden

Schüler B Jungen: 97 Stunden

Schüler B Mädchen: 315 Stunden

Wie viele Arbeitsstunden waren es insgesamt?

4 Zur Fahrt zum Auswärtsspiel in Thalheim haben sich 137 Fans angemeldet. Folgende Busse können gebucht werden:

Bus A / 56 Plätze / 234 €

Bus B / 67 Plätze / 269 €

Bus C / 29 Plätze / 113 €

Bus D / 48 Plätze / 197 €

Bus E / 72 Plätze / 316 €

Welche Busse wählt der Fanclub aus, wenn die Fahrt möglichst billig sein soll? Wie viel kostet die Busfahrt?

EDE-Zahlen und AAL-Zahlen addieren

1

2

Wiederholung

56 → :7 → □ → ·4 → □ → +3 → □ → :7 → □ → :5 → 1

1 → ·10 → □ → :2 → □ → ·9 → □ → :5 → □ → ·3 → □ → :9 → □ → ·6 → □ → :2 → □ → :3 → 3

56 → :8 → □ → ·9 → □ → :7 → □ → ·4 → □ → :6 → □ → ·2 → □ → +42 → □ → :9 → □ → ·7 → 42

42 → :6 → □ → ·4 → □ → :7 → □ → :2 → □ → +1 → 3

1 **Fang die 1 000** – Spiel für 2 Personen

Ihr braucht:
2 Spielwürfel

Ziel:
Wer mit seiner Addition näher bei 1 000 ist, gewinnt.

So geht es:
Es wird abwechselnd je 6-mal gewürfelt.
Nach jedem Wurf trägst du deine gewürfelte Zahl in eines der gelben Felder ein. Die beiden so entstandenen dreistelligen Zahlen werden nun addiert.

2 Addiere die Zahlen in jedem Luftballon und ordne die Ergebnisse jeder Farbe nach der Größe. Beginne mit der größten Zahl. Die richtige Reihenfolge der Buchstaben ergibt einen Lösungssatz.

Schriftlich subtrahieren ohne Übertrag

1

	H	Z	E
	2	9	8
−	1	4	6
			2

	H	Z	E
	2	9	8
−	1	4	6
	1	5	2

Norman spricht so:
6 + **2** = 8, schreibe **2**,
4 + **5** = 9, schreibe **5**,
1 + **1** = 2, schreibe **1**.

2

H Z E	H Z E	H Z E	H Z E	H Z E
4 7 5	9 8 6	7 6 3	3 9 8	5 4 8
− 2 4 1	− 7 1 5	− 2 5 1	− 1 5 4	− 2 0 3
6 3 5	9 6 3	4 9 9	8 9 4	7 5 4
− 4 0 1	− 4 5 1	− 1 5 4	− 6 2 3	− 5 1 0

3 Schreibe untereinander und subtrahiere.

a) 463 − 251 5
398 − 153 11
783 − 351 9
678 − 217 11
986 − 745 7

b) 419 − 101 12
899 − 123 20
985 − 462 10
789 − 67 11
596 − 470 9

c) 867 − 624 9
786 − 462 9
588 − 136 11
657 − 427 5
999 − 33 21

d) 784 − 261 10
862 − 421 9
978 − 56 13
676 − 45 10
912 − 411 6

Schriftlich subtrahieren mit Übertrag

1

	H	Z	E
			10
	8	7	3
–	3	2 (1)	5
			8

	H	Z	E
			10
	8	7	3
–	3	2	5
		1	
	5	4	8

Sam spricht so:
5 + **8** = 13, schreibe **8**, übertrage 1,
3 + **4** = 7, schreibe **4**,
3 + **5** = 8, schreibe **5**.

2

	H	Z	E
	4	8	2
–	1	5	4

	H	Z	E
	6	3	5
–	2	1	8

	H	Z	E
	9	8	3
–	5	6	9

	H	Z	E
	7	6	4
–	3	5	5

	H	Z	E
	8	4	3
–	4	3	7

	5	7	4
–	2	4	6

	9	1	5
–	5	0	9

	6	5	9
–	2	7	5

	5	4	3
–	1	8	1

	9	2	3
–	4	4	5

3 Schreibe untereinander und subtrahiere.

a) 615 – 324 12
941 – 580 10
407 – 216 11
870 – 685 14
356 – 147 11

b) 634 – 78 16
462 – 247 8
971 – 148 13
872 – 425 15
783 – 489 15

c) 654 – 172 14
419 – 237 11
536 – 362 12
902 – 103 25
392 – 275 9

d) 803 – 579 8
505 – 258 13
247 – 148 18
860 – 491 18
721 – 365 14

Schriftlich subtrahieren – Ergebniskontrolle

1

2 Schreibe untereinander, rechne und kontrolliere deine Ergebnisse.

a)	b)	c)	d)	e)
508 − 169	1 000 − 623	823 − 686	832 − 209	473 − 279
646 − 228	524 − 294	578 − 355	403 − 307	565 − 380
567 − 434	765 − 76	255 − 116	640 − 138	900 − 158
473 − 275	382 − 203	412 − 86	708 − 409	644 − 442

3 Finde Rechenfehler! Bei einigen Aufgaben reicht der Überschlag.

912 − 617 = 305	736 − 343 = 393	806 − 497 = 309	637 − 285 = 922	841 − 609 = 242
508 − 117 = 291	463 − 261 = 202	364 − 278 = 186	634 − 75 = 659	220 − 92 = 28

4

Schriftlich subtrahieren mit Kommazahlen

1

10 €	1 €	10 ct	1 ct
3	5	5	0
− 1	4	8	0
		7	0

2 Überschlage zuerst, rechne und vergleiche die Ergebnisse mit dem Überschlag.

a) 26,45 € − 12,84 €

b) 78,93 € − 46,42 €

c) 96,44 € − 52,86 €

d) 6,19 m − 2,84 m

e) 12,74 m − 8,19 m

f) 46,43 m − 28,17 m

3 Kontrolliere deine Ergebnisse mit dem Überschlag.

a) 46,56 € − 13,48 €
39,54 € − 12,61 €

b) 88,42 € − [illegible]0,09 €
73,28 € − 56,08 €

c) 56,43 m − 42,86 m
38,54 m − 17,91 m

d) 82,61 m − 64,97 m
41,78 m − 27,89 m

4 Schreibe als Kommazahlen und subtrahiere.

Wie rechnest du?

1 Entscheide, wie du rechnest.

2 Wie rechnest du hier? Entscheide bei jeder Aufgabe neu.

3 Flaschenpost

EDE-Zahlen und AAL-Zahlen subtrahieren

1 Finde EDE-Subtraktionsaufgaben.

2 Finde AAL-Subtraktionsaufgaben.

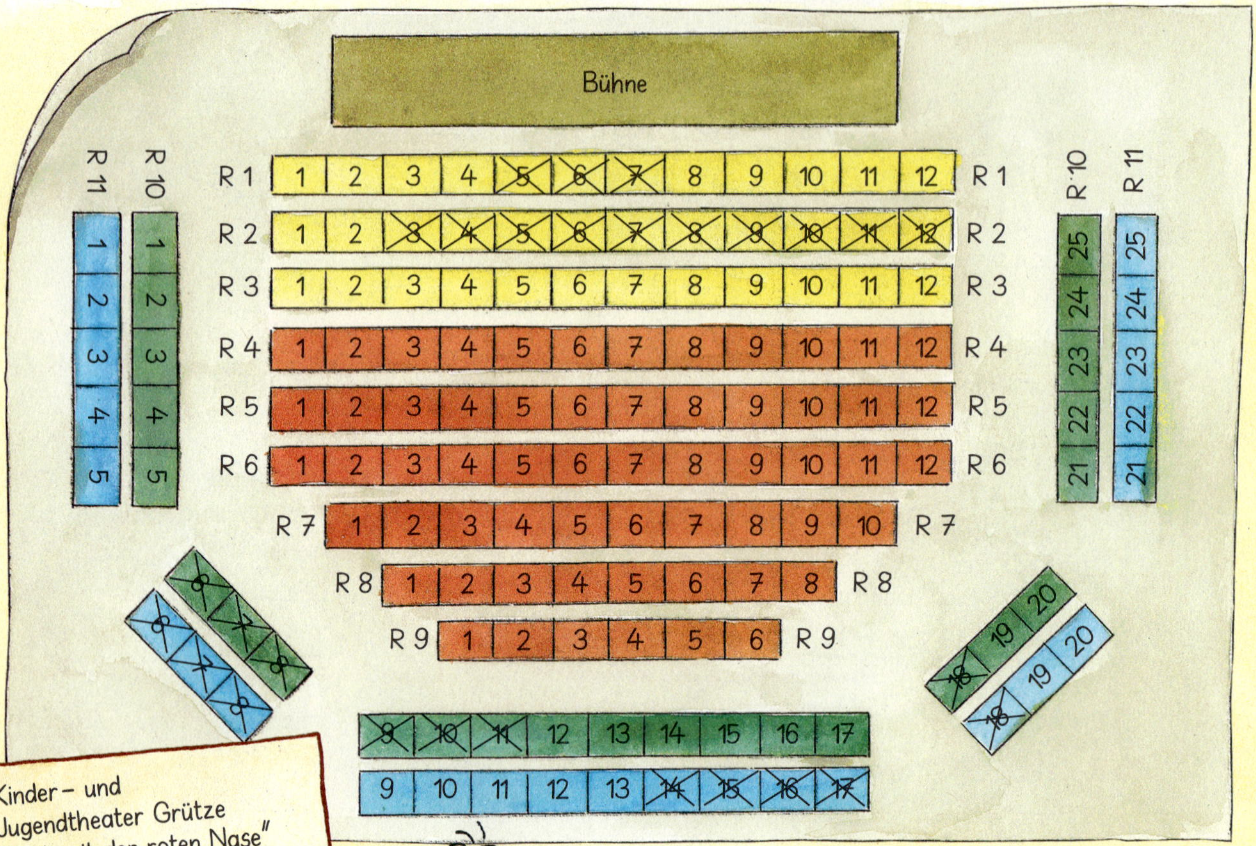

Kinder- und Jugendtheater Grütze
„Rudi mit der roten Nase"

Eintrittspreise:

Preisklasse 1:	8 €
Preisklasse 2:	6 €
Preisklasse 3:	5 €
Preisklasse 4:	4 €

Die mit X gekennzeichneten Plätze sind schon verkauft.

1 a) Wie viele Plätze sind insgesamt schon verkauft?

b) Wie viele Plätze sind in der Preisklasse 4 noch frei?

c) Zu welcher Preisklasse gehören die Plätze in der Reihe 6?

d) Wie viele Plätze gibt es insgesamt in der Preisklasse 1?

2 Die dritten Klassen der Brüder-Grimm-Schule planen einen Theaterbesuch.
Es werden 64 Kinder und 4 Lehrerinnen mitfahren.
Frau Engelhardt überlegt, was das günstigste Angebot ist. Für die Fahrt zum Theater hat sie Angebote von drei Busunternehmen:

Wagner-Reisen	Busunternehmen Schulze	Kappler-Reisen
156 € für Hin- und Rückfahrt	84 € für eine Fahrt	149 € für Hin- und Rückfahrt

a) Können sich alle Kinder in die Preisklasse 2 setzen?

b) Mit welchem Busunternehmen fahren sie am günstigsten?

c) Wie teuer wird der Theaterbesuch insgesamt?

d) Plant ihr auch einen Theaterbesuch? Wie viel würde das bei euch kosten?

Theaterbesuch

Premiere ein voller Erfolg!

„Ausverkauft" war letzten Samstag auf den Plakaten vor dem Theater zu lesen. Alle 246 Plätze waren mit begeisterten Zuschauern besetzt.
Auch die Vorstellungen an den folgenden beiden Tagen waren bis auf 37 und 19 Plätze ausverkauft.

Weiterhin gut besucht

Auch bei den städtischen Theatertagen strömten die Zuschauer ins Jugendtheater „Grütze". An den drei Tagen besuchten 716 Zuschauer die Vorstellungen.

Sondervorstellung für Schulen

Bei den Sondervorstellungen für die Schulen kosten alle Plätze nur 3 Euro.

1 In dieser Woche hat das Theater „Grütze" 965 Karten verkauft. Letzte Woche waren es 773 Karten.
Wie viele Karten wurden diese Woche mehr verkauft?

2 Wenn alle Plätze im Theater besetzt sind, werden 873 € eingenommen.
Heute wurden Karten für 778 € verkauft.
Wie viel Geld fehlt dem Theater im Vergleich zu einer ausverkauften Vorstellung?

3 Wie viele Zuschauer besuchten an den beiden Tagen nach der Premiere jeweils die Vorstellungen?

4 Wie viele Zuschauer mehr oder weniger besuchten die Vorstellungen während der Theatertage?

5 Katja hat eine Aufgabe für die Aufgabenkartei geschrieben:

> Unsere ganze Familie war im Theater „Grütze". Meine Karte hat 5 Euro gekostet. Wie viel mussten wir insgesamt bezahlen?

Kannst du Katjas Aufgabe lösen?
Wenn nicht, welche Informationen brauchst du noch?

6 Das ist Freds Aufgabe:

> Wir waren in der Sondervorstellung im Theater „Grütze". Alle 246 Plätze waren besetzt. Die Vorstellung hat 2 Stunden und 15 Minuten gedauert. Es hat mir gut gefallen.
> Wie viel hat meine Eintrittskarte gekostet?

Brauchst du alle Informationen zur Lösung der Aufgabe?

Minustürme – Mit Zahlenkarten entdecken

1

2

1. Bilde aus den roten Zahlenfahnen 2 unterschiedliche dreistellige Zahlen und subtrahiere. Du kannst viele verschiedene Aufgaben finden.
   a) Welche beiden Zahlen bilden den größten, welche den kleinsten Unterschied?
   b) Welche Aufgabe musst du rechnen, um das zweitkleinste Ergebnis zu finden?

2. Bilde aus den grünen (gelben) Zahlenfahnen 2 unterschiedliche dreistellige Zahlen. Finde Subtraktionsaufgaben:

Wiederholung

7 → · 4 → ☐ → : 4 → ☐ → · 5 → ☐ → − 29 → ☐ → · 8 → 48

48 → : 6 → ☐ → · 4 → ☐ → + 49 → ☐ → : 9 → ☐ → · 6 → ☐ → − 27 → ☐ → : 3 → ☐ → · 5 → ☐ → − 31 → 14

7 → · 8 → ☐ → − 14 → ☐ → : 6 → ☐ → · 7 → ☐ → + 15 → ☐ → : 8 → ☐ → : 4 → ☐ → · 6 → ☐ → : 3 → 4

4 → · 9 → ☐ → + 27 → ☐ → : 7 → ☐ → · 8 → ☐ → − 58 → 14

1 Aufgaben in derselben Farbe bilden eine Rechenkette.

317 + 438 | 328 + 229 + 381 | 386 + 174 | 277 + 685 | 764 − 395 | 923 − 647 | 938 − 776 | 326 − 138 | 369 + 173 + 286 | 904 − 567 | 842 − 573 | 188 + 654 | 162 + 538 + 204 | 179 + 267 + 477 | 269 + 352 | 276 + 488 | 799 − 473 | 621 + 178 | 976 − 648 | 962 − 645 | 755 − 369 | 828 − 649 | 560 − 283 | 337 + 186 + 453

2

5 _ 4 + 3 7 _ = _ 9 9	2 8 5 + _ _ _ = 9 0 8	3 _ _ + _ 6 8 = 5 2 1	_ _ _ + 4 6 8 = 6 2 5	_ 3 8 + 3 _ 4 = 8 2 _
6 8 _ − 3 _ 4 = _ 6 1	7 5 7 − _ _ _ = 4 6 8	9 _ 6 − 6 3 2 = _ 7 _	_ 6 2 − 2 _ 8 = 6 1 _	Erfinde eigene Klecksaufgaben! Gib sie deinem Partner zum Lösen.

3 Immer 3 Fische haben dasselbe Ergebnis.

876 − 543 | 164 + 67 + 112 | 439 + 439 | 990 − 112 | 977 − 99 | 748 − 425 | 1000 − 112 | 711 − 388 | 85 + 258 | 792 − 449 | 289 + 599 | 76 + 648 + 164 | 105 + 123 + 105 | 678 − 345 | 161 + 81 + 81

Kopftraining

1

	∣	—	∥	=	+
⊂	A	B	C	D	E
⊃	F	G	H	I	J
∪	K	L	M	N	O
∩	P	Q	R	S	T
○	U	V	W	X Y	Z

	1	2	3	4	5
1	A	B	C	D	E
2	F	G	H	I	J
3	K	L	M	N	O
4	P	Q	R	S	T
5	U	V	W	X Y	Z

Wie lauten die Geheimbotschaften?

a)

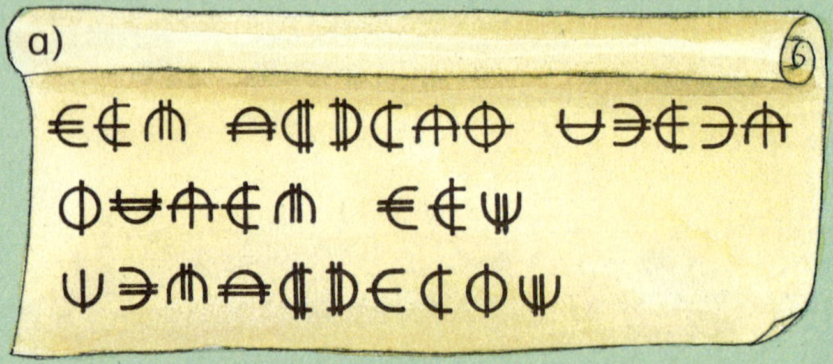

b)

44 13 23 43 15 24 12 15   11 51 13 23
14 15 24 34 15 34   34 11 33 15 34   24 34
22 15 23 15 24 33 44 13 23 43 24 21 45

c) Schreibe eine Geheimbotschaft.

d) Erfindet selbst eine Geheimschrift.

2

a)

b) Kannst du die Botschaft knacken?

3 Hüpf auf anderen Wegen. Wie viele Wege findest du?

a)

b)

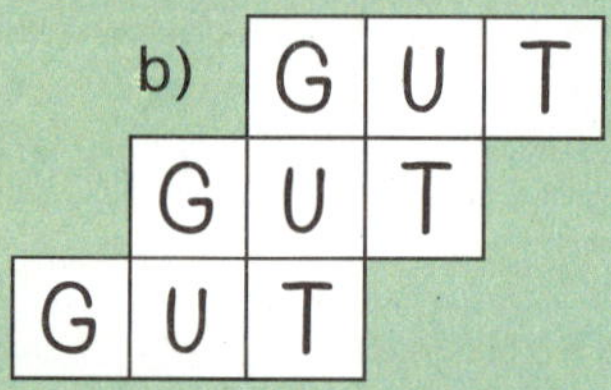

c)

d)

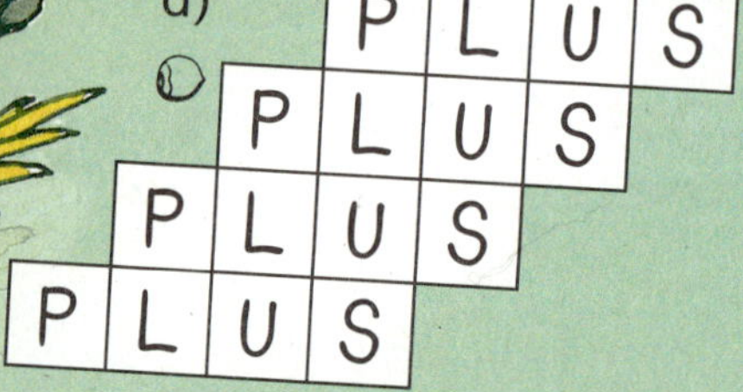

Zu Aufgabe 3 Kopiervorlage im Lehrerband.

Kopftraining

1

Das Bild „Die Melancholie" stammt von Albrecht Dürer. Entdeckst du das magische Quadrat? Es ist das berühmteste mit 16 Feldern! In den beiden unteren Feldern in der Mitte siehst du das Entstehungsjahr. Die Zauberzahl ist 34. Zeichne das Zauberquadrat ab und löse es.

a)

16			13
5		11	
9			12
	15	14	

b)

16			13
5		11	
9			12
	15	14	

c)

16			13
5		11	
9			12
	15	14	

Zähle die Zahlen in den bunten Feldern zusammen.
Versteckt sich auch hier die Zauberzahl?
Suche weiter ...

2 Löse die Zauberdreiecke durch Probieren. Verwende immer die Zahlen von 1 bis 9.

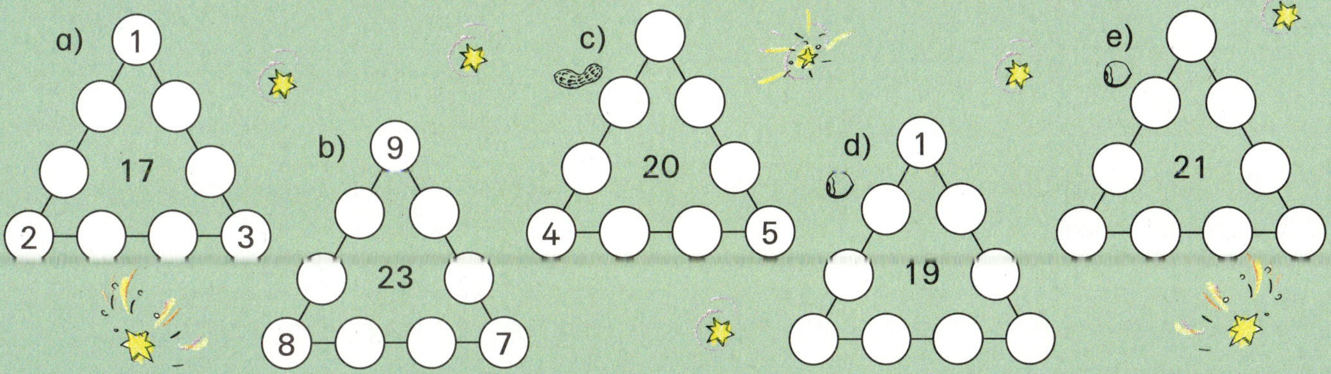

3 Gleiche Zeichen bedeuten gleiche Zahlen.

Zu Aufgaben **1** und **2** Kopiervorlagen im Lehrerband.

Formen und Figuren

1

Christiane hat Formen ausgeschnitten und damit ein Bild gestaltet.

a) Benenne die blauen Formen. Wo entdeckst du sie im Klassenzimmer? Zeige.

b) Die anderen Formen sind etwas verdeckt. Welche Form können sie haben?

c) Gestalte selbst ein Bild mit bunten Formen.

2

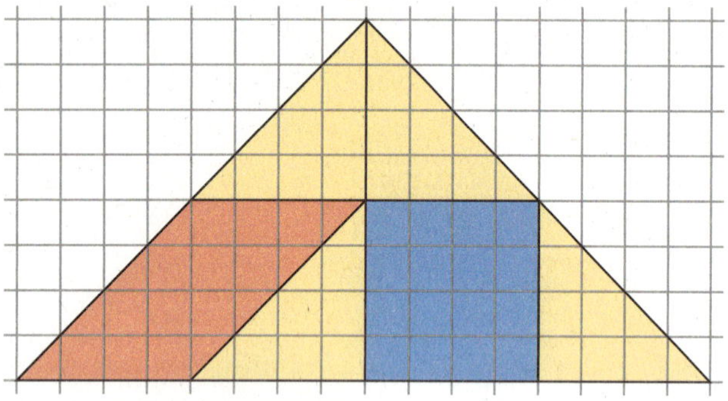

Zeichne das Dreieck auf kariertes Papier. Zerschneide es.

Lege aus den 6 Teilen:

a) ein Rechteck

b) ein Quadrat

c) ein weiteres Viereck

d)

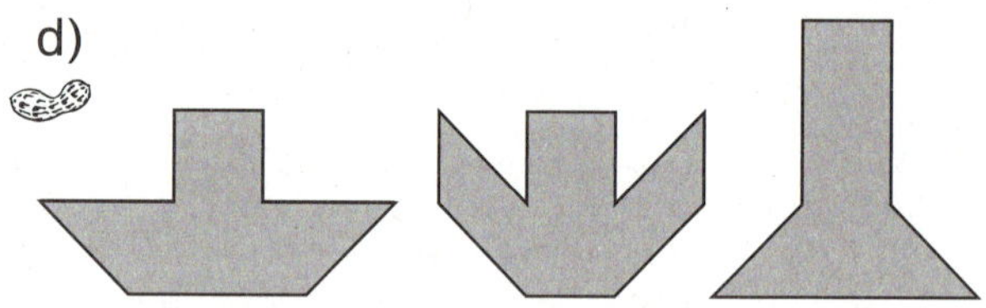

e) Finde auch eigene Figuren. Zeichne sie auf.

3 Pia, Paul und Carlo haben Figuren gezeichnet. Wie viele Formen entdeckst du?

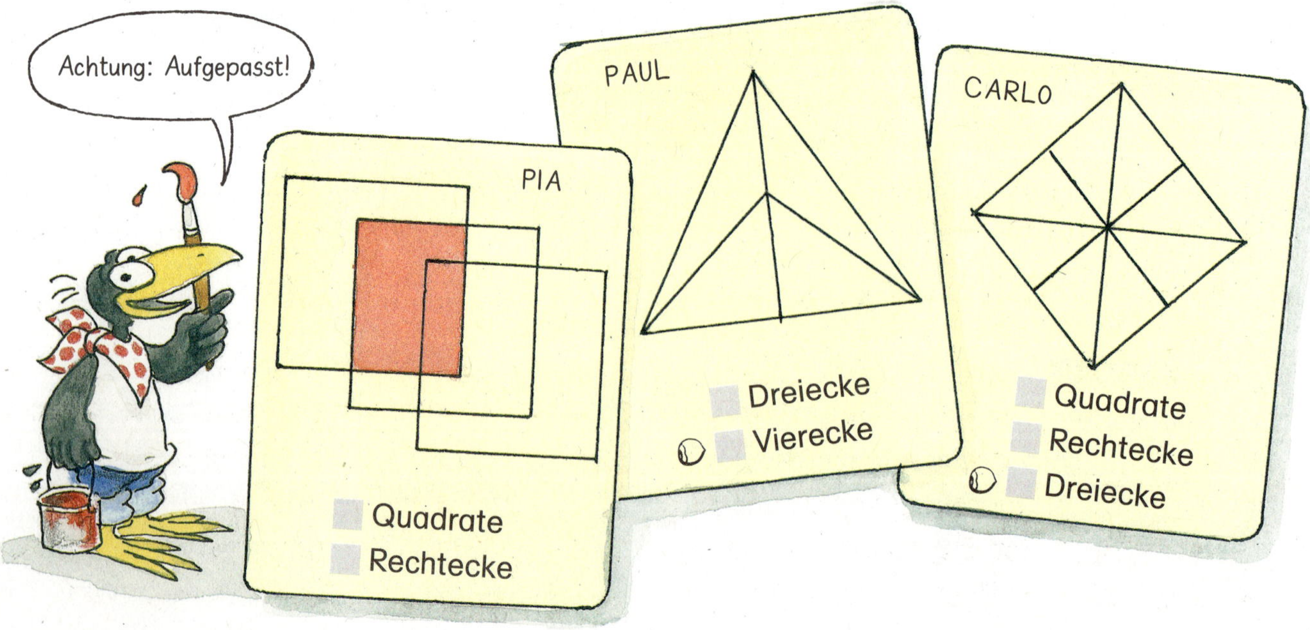

Zu Aufgabe 3 Kopiervorlage im Lehrerband.

Vergrößern und verkleinern

1

a) Vergrößere das Bild: Zeichne alle Strecken doppelt so lang in dein Heft.

b) Verkleinere das Bild: Zeichne alle Strecken halb so lang in dein Heft.

2

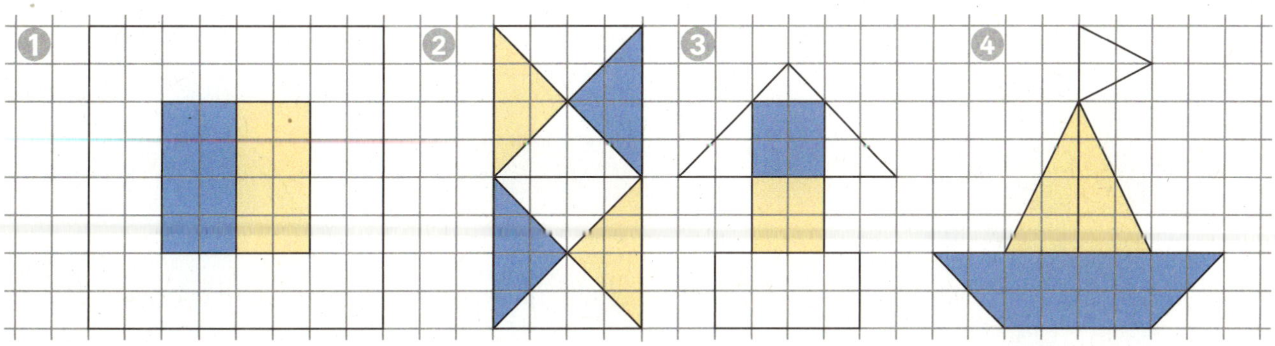

a) Vergrößere alle Figuren: Zeichne die Strecken doppelt so lang.

b) Verkleinere alle Figuren: Zeichne die Strecken nur halb so lang.

c) Stark vergrößern: Zeichne die Strecken bei den Figuren 3 und 4 viermal so lang.

d) Stark verkleinern: Zeichne die Figuren 1 und 2 so, dass sie nur noch 2 Kästchen hoch sind.

3

a) Vergrößere ein Quadrat.

Wie viele kleine Quadrate brauchst du, um ein Quadrat zu legen, das doppelt (dreimal, viermal) so lange Seiten hat?

b) Vergrößere einen Würfel.

Wie viele kleine Würfel brauchst du für einen Würfel, der doppelt (dreimal, viermal) so lange Kanten hat?

Gerade – parallel

1

a) Zeichne 3 **Geraden** so in dein Heft, dass 3 **Schnittpunkte** entstehen.
b) Kannst du 3 Geraden so zeichnen, dass weniger (mehr) Schnittpunkte entstehen?
c) Zeichne 4 Geraden mit möglichst vielen (wenigen) Schnittpunkten.

2

a) Falte wie auf dem Bild: Die Faltkanten sind **parallel** zueinander.
b) Zeige im Klassenzimmer Gegenstände mit parallelen Kanten.

3

a) Zeichne parallele Geraden auf ein weißes Blatt. Ihr Abstand soll immer 1 cm betragen.

b) Zeichne parallele Geraden mit dem Geodreieck. Ihr Abstand soll immer 2 cm (4 cm, 33 mm) sein.

4 Zeichne zuerst 2 parallele Geraden mit 4 cm Abstand. Zeichne dann das Muster.

a)

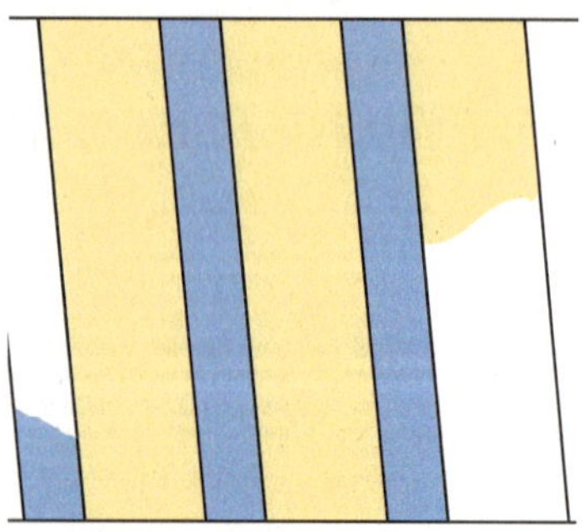

b)

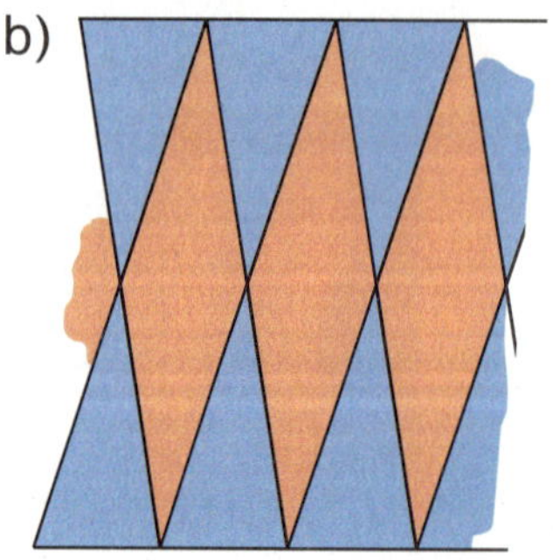

c)

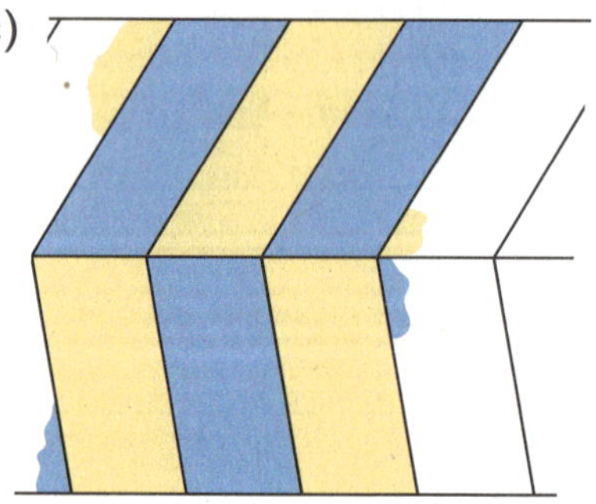

5

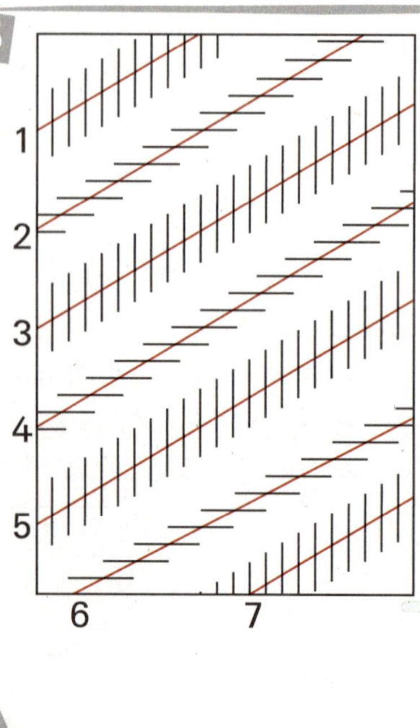

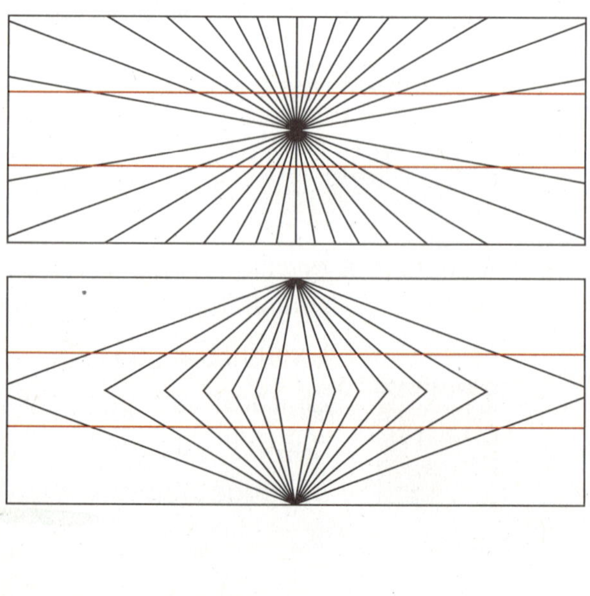

Senkrecht – rechter Winkel

1

Falte einen **rechten Winkel** (Faltwinkel).
Klappe auf und färbe die Faltkanten:
Sie sind **senkrecht** zueinander.
Wie viele rechte Winkel siehst du?

2

Zeige Kanten, die senkrecht zueinander sind. Prüfe mit deinem Faltwinkel.

3 Stelle aus einem rechteckigen Blatt ein Quadrat her: Falte einmal und schneide.
Falte dann die 3 Muster. Zeichne die Faltkanten nach.

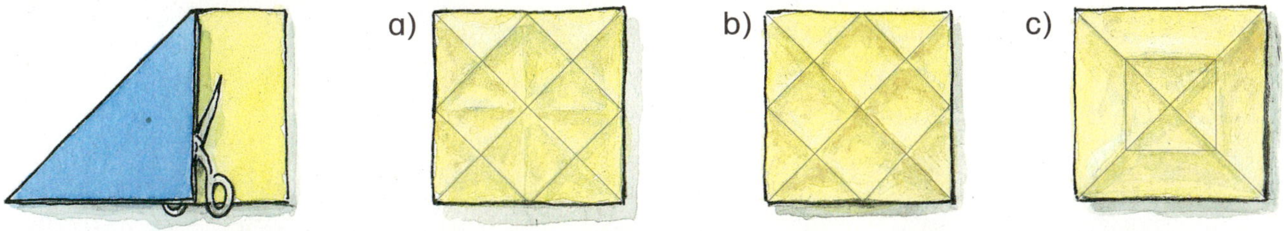

4

5 Zeichne Rechtecke.

a) 5 cm lang,
   3 cm breit

b) 45 mm lang,
   60 mm breit

c) 12 cm lang,
   85 mm breit

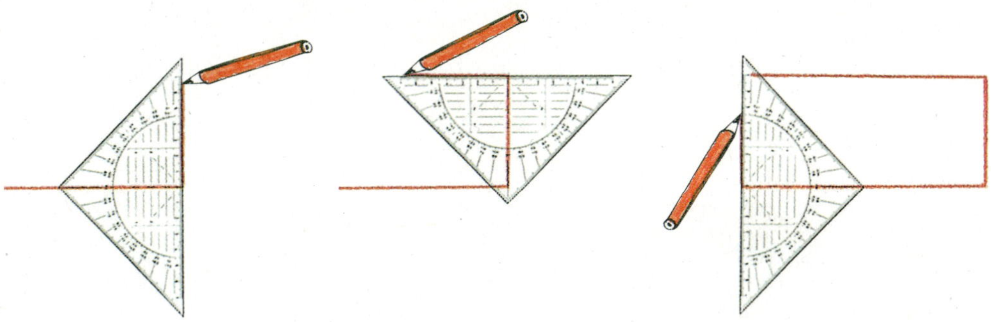

6 Zeichne die Muster mit dem Geodreieck.

Denke dir selbst Muster aus.

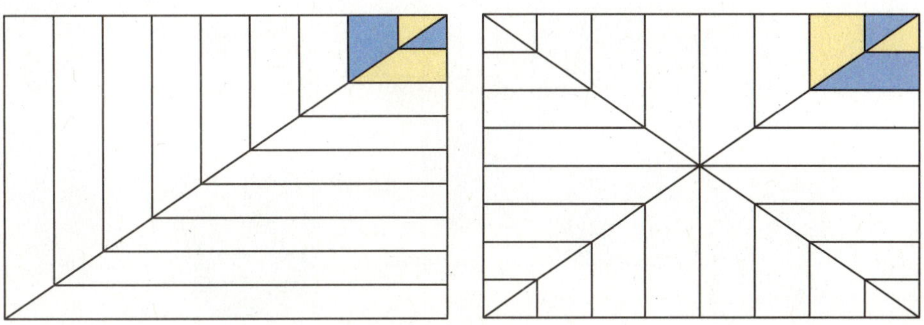

Muster zeichnen

1 Zeichne mit dem Geodreieck Muster mit parallelen und zueinander senkrechten Strecken.

a) 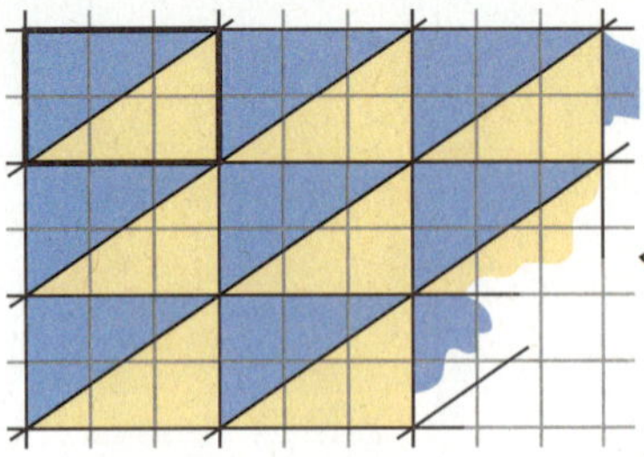

b) 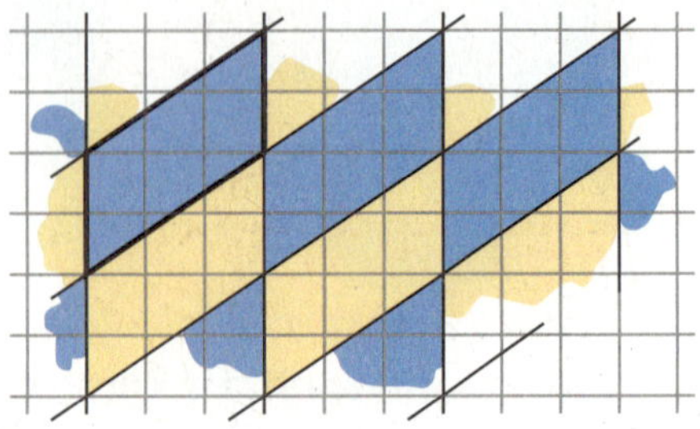

c) 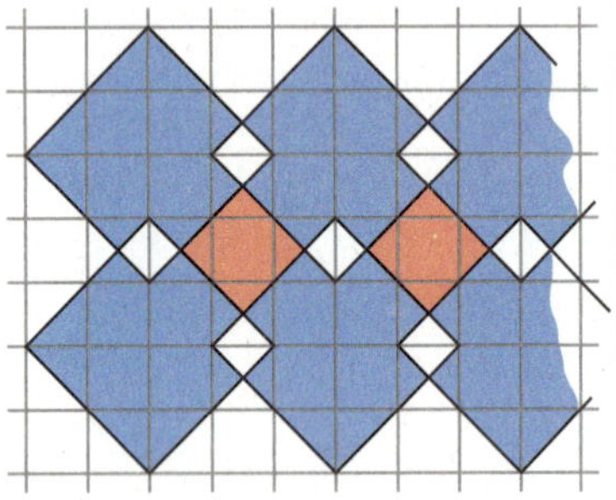

d) 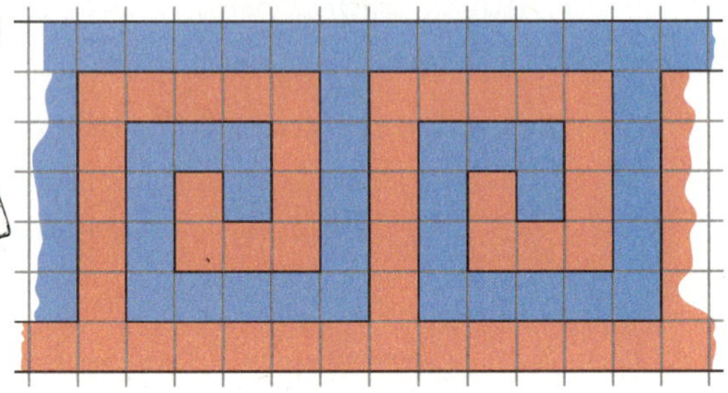

2 Zeichne die Muster ab und setze sie fort. Zeichne freihändig.

a) 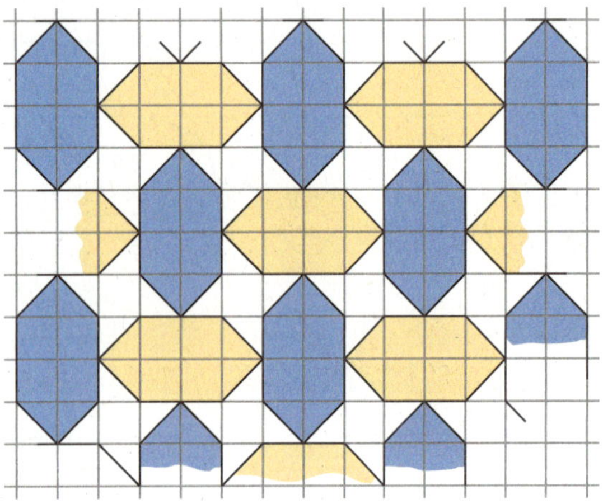

b) 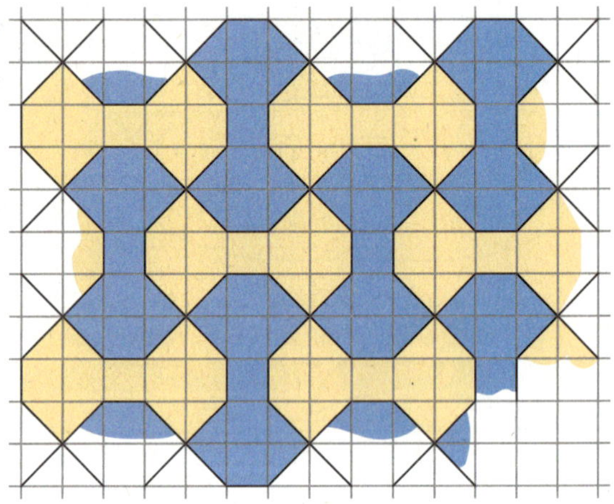

3 Zeichne ab und setze fort. Betrachte dein Bild von allen Seiten.

a) 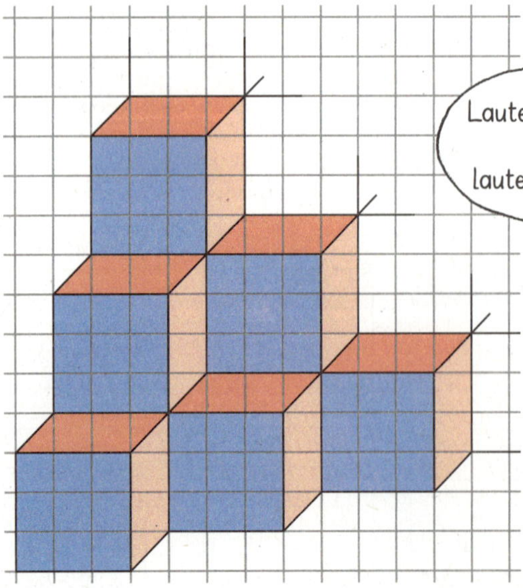

b) 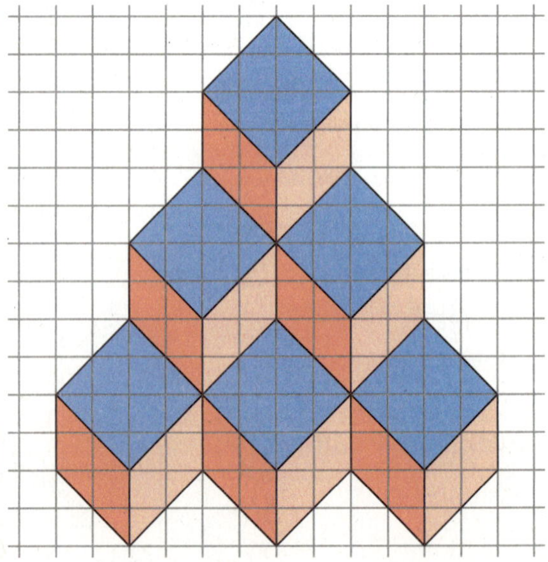

Geo-Projekt: Muster herstellen

1

Betrachte das Bild. Was fällt dir auf?

2 Jan möchte selbst ein solches Bild zeichnen. Dafür stellt er eine Schablone her.

Lisa und Tom haben andere Schablonen genommen. Welche Schablone nimmst du?

3 Jan verändert die Schablone: Unten schneidet er ein Stück heraus, oben klebt er es an.

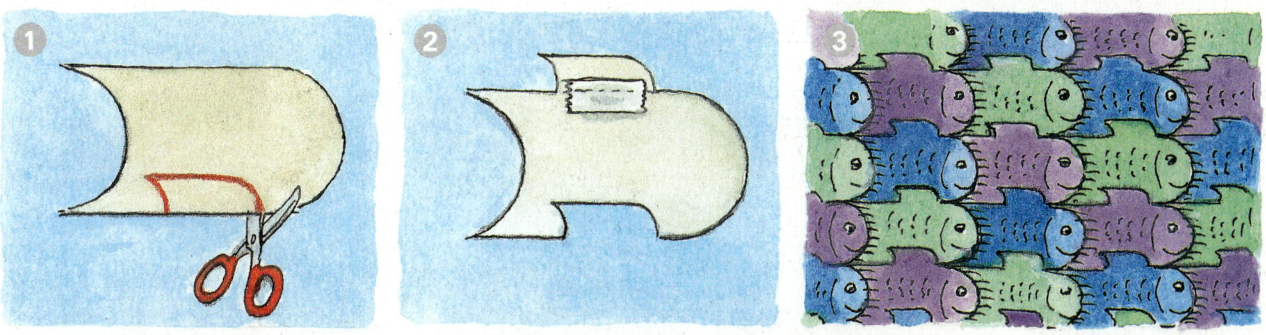

Verändere deine Schablone und zeichne damit ein neues Bild.

2 und 3 Material: Den Kern einer Toilettenpapierrolle in der Höhe halbieren. Alternativ einen rechteckigen Karton (12 cm lang und 5 cm breit) zu einem Zylindermantel zusammenkleben. Die Zeichnungen auf DIN-A3-Papier anfertigen.

Gewichte schätzen und vergleichen

1 Vergleiche das Gewicht von Gegenständen. Schätze, stelle dann eine Reihenfolge auf.

2 Bei schwereren Sachen vergleicht man besser mit einer Tafelwaage.

a) Vergleicht das Gewicht eurer Schultaschen.

b) Wer hat die leichteste, wer die schwerste Schultasche?

c) Ordnet die Taschen nach dem Gewicht.

3 Bestimmt das Gewicht von Gegenständen mit Steckwürfeln, Büroklammern, Halmasteinen ...
Ihr braucht dazu eine Waage.

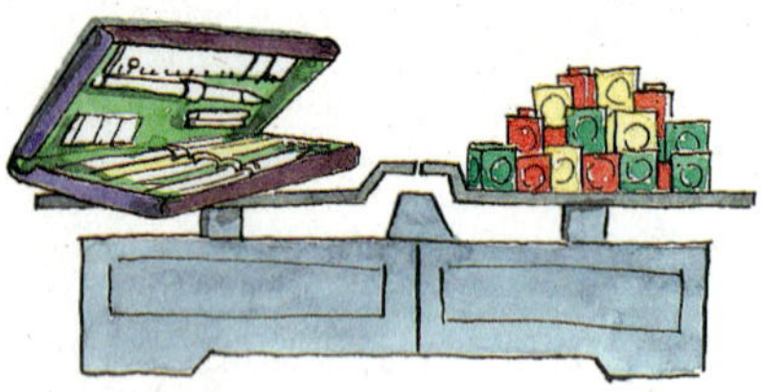

Schätzt zuerst und bestimmt dann die Anzahl. Notiert die Anzahlen in der Tabelle.

	Steckwürfel		Büroklammern		
	geschätzt	gewogen	geschätzt	gewogen	
Anspitzer					
Radiergummi					
Buntstift					
Füller					

4 Ordne nach dem Gewicht.

Schultasche, Radiergummi, Teddy, Schulheft, Tisch, Stuhl, Blatt Papier, Briefmarke, Mathebuch, Briefumschlag, Auto, Fahrrad

1

Um Gewichte zu vergleichen, braucht man ein einheitliches Gewichtsmaß.

Gewichte wiegt man in Gramm (g).

2 Ordne zu.

a) 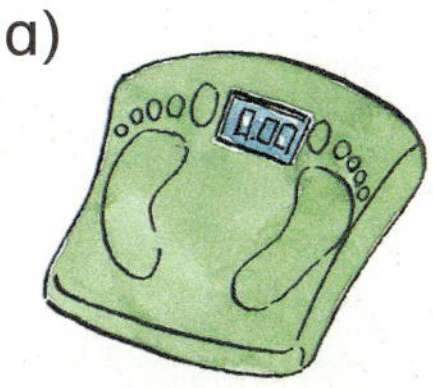

b) 

c) 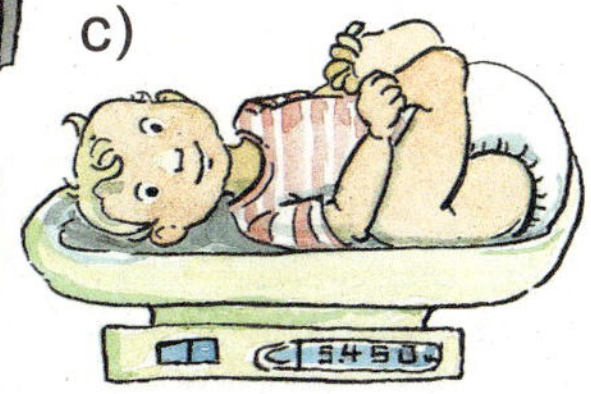

d) 

e) 

Briefwaage	Personenwaage	Küchenwaage	Babywaage	Kaufmannswaage

3 Für eine Tafelwaage brauchst du einen Gewichtssatz.

a) Schreibe auf, welche Gewichte der Gewichtssatz enthält.

b) Wie viel Gramm ergeben alle Gewichte zusammen?

c) Gib das genaue Gewicht an: Anspitzer, Radiergummi, Buntstift ...

4 Stelle das Gewicht fest.

5 Diese Gewichte kannst du dir merken.

1 g

10 g

100 g

250 g

500 g

1 000 g

Suche weitere Gegenstände, die ungefähr so viel wiegen.

6 Was passt zusammen?

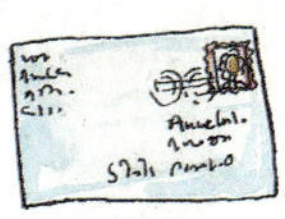

5 g	3 g	35 g	750 g	15 g	250 g

Gramm und Kilogramm

1

1 Kilogramm = 1 000 Gramm
1 kg = 1 000 g

2 Wie schwer war der Einkauf? ▢ *kg* ▢ *g*

3 Sören kauft ein. In eine Tüte sollte man nicht mehr als 3 Kilogramm einpacken.
Was kann er zusammen in eine Tüte packen? Überlege verschiedene Möglichkeiten.

4 Wie viel Gramm fehlen bis 1 kg?

750 g + ▢ g = 1 kg

a)	b)
750 g	955 g
600 g	995 g
825 g	598 g
375 g	804 g
405 g	999 g
125 g	499 g

5 Was passt zusammen?

10 kg | 1 000 kg | 85 kg | 30 kg | 200 kg

1 Erwachsener
1 Drittklässler
1 volle Gießkanne
1 Löwe
1 Auto

1 Schwere Tiere: Ordne die Gewichtsangaben zu und vergleiche.

1 Tonne = 1 000 Kilogramm
1 t = 1 000 kg

1 200 kg | 120 t | 2 t | 7 t | 3 t

2

Der Elefant ist nach dem Wal das größte Tier. Er kann bis zu 4 m hoch und 4,50 m lang werden. Sein Gewicht liegt bei 4 Tonnen. Der indische Elefant kann bis zu 70 Jahre alt werden.
Ein Elefant wiegt bei seiner Geburt 100 kg.
Im Wuppertaler Zoo leben 6 Elefanten. Täglich frisst ein Elefant: 45 kg Heu, 3 kg Mehl, 2 kg Brot, 12 kg Obst und Gemüse, 250 g Salz. Überlege dir sinnvolle Fragen und beantworte sie.

3
a) Zwei Kamele wiegen zusammen eine Tonne. Um wie viele Kilogramm sind sie zu schwer für den Aufzug?
b) Ein Pinguin wiegt 5 Kilogramm. Wie viele dürfen mit einem Kamel im Aufzug mitfahren?

4
a) Ergänze zu einer Tonne.

680 kg	735 kg	492 kg	872 kg
905 kg	455 kg	588 kg	198 kg

b)

5 Diese Gewichte kannst du dir merken.

1 kg

10 kg

100 kg

1000 kg = 1 t

Suche weitere Gegenstände, die ungefähr so viel wiegen.

Rauminhalte schätzen und vergleichen

1

a) Nehmt verschiedene Gefäße. Welches Gefäß fasst am meisten?

b) Ordnet die Gefäße der Reihe nach.

2 Mit Bechern oder Tassen könnt ihr die Inhalte von Gefäßen messen.
Schreibt die Ergebnisse in einer Tabelle auf.

Gefäß	Becher	Tassen
Saftflasche	3	

3 Um Rauminhalte von Gefäßen zu vergleichen, braucht man ein einheitliches Maß.
In der Küche werden Flüssigkeiten oft mit einem Messbecher abgemessen. Er fasst genau einen Liter.

Rauminhalte misst man in Liter (l).

a) Wie viele Jogurtbecher fasst ein Messbecher? Probiere.

b) Suche andere Gefäße, die genau einen Liter fassen.

c) Wie viele Liter fasst ein großer, wie viele Liter ein kleiner Eimer? Probiere es aus!

4 a)

5 l

10 l

Stina gießt die Pflanzen im Schulgarten. Mit der 5-l-Gießkanne muss sie 10-mal gehen. Der Hausmeister nimmt die 10-l-Kanne.

b)

60 l

Die Klasse 3a hat ein Aquarium. Wie viele Gießkannen Wasser passen da hinein?

5 a) Jan möchte genau 7 Liter Wasser in eine Wanne abfüllen. Zum Abmessen hat er aber nur einen 5-l- und einen 3-l-Eimer. Wie kann er schütten?

b) Daniel möchte nur 4 Liter abfüllen.

Liter und Milliliter

1

1 Liter = 1 000 Milliliter
1 l = 1 000 ml

a) Messt den Inhalt der folgenden Gefäße: Tasse, Jogurtbecher, Vase, Gießkanne ...

b) Sammelt Gefäße mit Liter- und Milliliterangaben.

2 Jogurt wird in unterschiedlichen Bechern angeboten. Wie viele Becher ergeben zusammen einen Liter Jogurt? Suche verschiedene Möglichkeiten.

250 ml + ... = 1 l

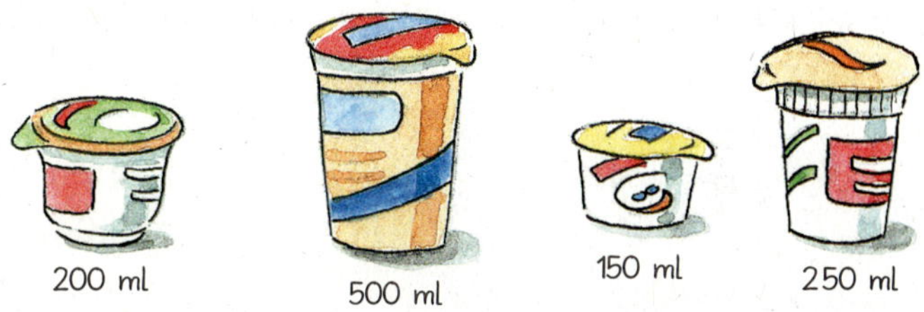

3 Ergänze zu einem Liter.

250 ml + 750 ml = 1 l

a)	b)	c)
250 ml	600 ml	150 ml
125 ml	400 ml	950 ml
50 ml	430 ml	675 ml

4 Wandle um.

$\frac{3}{4}$ *l* = ▢ *ml*

$\frac{3}{4}$ l, $\frac{1}{2}$ l, 1 l, $\frac{1}{4}$ l

5 Ordne nach der Größe.

- Packung Milch 1 l
- großer Eimer 10 l
- Packung Buttermilch $\frac{1}{2}$ l
- Trinkglas 200 ml
- Becher Sahne $\frac{1}{4}$ l
- Mülltonne 80 l
- Jogurt 150 ml
- Gießkanne 5 l
- Badewanne 140 l

6 a)

b) Zur Feier kommen 60 Personen.

7 Diese Rauminhalte kannst du dir merken.

Suche andere Gefäße, die ungefähr so viel fassen.

So viel Wasser wird durchschnittlich im Haushalt verbraucht:

20 l
einmal Geschirr spülen

9 l
täglich für Waschen und Zähne putzen

10 l
täglich für Trinken und Kochen

50 l
einmal Wäsche waschen

1 Zeichne ein Blockbild zu den Verbrauchsangaben.
Verwende für 5 Liter ein Kästchen.

2 a) Wie viel Wasser verbrauchst du in einer Woche?
Zeichne eine Tabelle und fülle sie aus.

b) Wie viel Wasser wird in eurem Haushalt an einem Tag verbraucht? Rechne den Verbrauch aller Personen in eurem Haushalt zusammen. Berücksichtige auch den Wasserverbrauch für Wohnungsreinigung, Wäsche waschen oder andere Dinge, die nicht täglich anfallen. Verwende die angegebenen Durchschnittswerte.

	täglich	in einer Woche
Waschen/Zähne putzen		
Trinken/Kochen		
Toilette		
Baden/Duschen		

15 l
täglich für Wohnungsreinigung

3 Findest du heraus, wie viel Wasser in deiner Schule am Tag und in der Woche verbraucht wird? Lege eine Tabelle an.

35 l
einmal duschen

9 l
einmal Toilette spülen

140 l
ein Wannenbad

Wiederholung

EINMALEINS-TRAINER

12 → : 6 → □ → · 8 → □ → +14 → □ → : 5 → □ → · 9 → 54

12 ↓ : 4 ↓ □ ↓ · 8 ↓ □ ↓ +3 ↓ □ ↓ : 9 ↓ □ ↓ · 3 ↓ □ ↓ · 8 ↓ □ ↓ −22 ↓ □ ↓ : 10 ↓ □ ↓ · 7 ↓ 35

54 ↓ : 6 ↓ □ ↓ · 8 ↓ □ ↓ −9 ↓ □ ↓ : 7 ↓ □ ↓ : 3 ↓ □ ↓ · 8 ↓ □ ↓ : 2 ↓ □ ↓ : 6 ↓ □ ↓ +38 ↓ 40

35 → : 5 → □ → · 8 → □ → −20 → □ → : 6 → □ → +34 → 40

1

□ · □ = □

2

5er-Reihe	5	10
2er-Reihe	2	
7er-Reihe	7	

2er-Reihe	2
4er-Reihe	4
6er-Reihe	6

3er-Reihe	3
6er-Reihe	
9er-Reihe	

3 Bilde Aufgabenfamilien mit Multiplikations- und Divisionsaufgaben.

a)

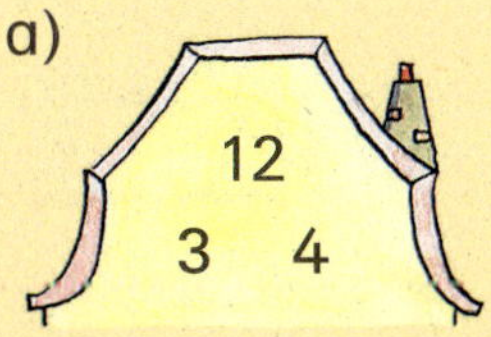

b)

c)

d)

4

a) 8 : 4, 9 : 4, 10 : 4, 11 : 4

b) 18 : 3, 19 : 3, 20 : 3, □ : □

c) 81 : 9, 80 : 9, 79 : 9, □ : □

d) 42 : 7, 43 : 7, 44 : 7, □ : □

5 Finde Rechenfehler! Überprüfe im Kopf und schreibe richtig in dein Heft.

a) 9 · 9 = 91
7 · 3 = 21
8 · 8 = 68
6 · 5 = 30

b) 48 : 6 = 9
64 : 8 = 7
28 : 7 = 3
63 : 9 = 8

c) 6 · 6 = 42
9 · 7 = 64
8 · 0 = 8
5 · 4 = 25

d) 50 : 5 = 9
16 : 4 = 4
27 : 3 = 8
18 : 2 = 9

Multiplizieren mit einer Zehnerzahl

1

2

a) 3 · 70, 4 · 70, 7 · 70, 9 · 70, 8 · 70

b) 9 · 90, 10 · 90, 0 · 90, 3 · 90, 6 · 90

c) 6 · 30, 6 · 80, 6 · 40, 6 · 60, 6 · 50

d) 60 · 3, 60 · 8, 60 · 4, 60 · 6, 60 · 5

e) 70 · 5, 20 · 9, 50 · 1, 80 · 8, 40 · 3

3

a) 3 · 8, 30 · 8, 4 · 8, 40 · 8 | 9 · 7, 9 · 70, 8 · 7, 8 · 70

b) 0 · 80, 1 · 80, 2 · 80, 3 · ☐ | 0 · 40, 2 · 40, 4 · 40, 6 · ☐

c) 1 · 100, 3 · 80, 5 · 60, 7 · 40 | 90 · 2, 70 · 4, 90 · 6, 70 · 8

4 Setze fort.

a) 20, 40, 60, ..., 200

b) 30, 60, 90, ..., 300

c) 50, 100, 150, ..., 500

d) 40, 80, 120, ..., 400

e) 60, 120, 180, ..., 600

f) 70, 140, 210, ..., 700

g) 80, 160, 240, ..., 800

h) 90, 180, 270, ..., 900

i) 10, 80, 20, 160, 30, ..., 400

5

☐ · ☐ = ☐

6

a) Tims Bruder hat 4 CD-Ständer. In jeden Ständer passen 30 CDs.

b) Onur hat 6 Hörspiel-CDs. Jede CD hat eine Spielzeit von 70 Minuten.

c) Jans Vater hat zum Geburtstag 3 riesige CD-Ständer bekommen. In jeden passen 50 CDs hinein.

1 Miriam zeigt ihren Freunden ihre Figurensammlung. Es stehen immer 16 Figuren nebeneinander. Wie viele Figuren hat sie insgesamt?

2

a)	b)	c)	d)	e)	f)
4 · 13 7	3 · 19 12	5 · 15 12	15 · 8 3	15 · 4 6	16 · 5 8
6 · 12 9	5 · 17 13	9 · 11 18	17 · 9 9	17 · 7 11	15 · 7 6
5 · 14 7	7 · 14 17	7 · 16 4	13 · 8 5	13 · 6 15	18 · 4 9
3 · 16 12	8 · 12 15	4 · 19 13	16 · 9 9	19 · 9 9	17 · 6 3
8 · 14 4	9 · 13 9	5 · 18 9	19 · 6 6	13 · 7 10	18 · 3 9

3

a)
4 · 10
4 · 11
4 · 12
4 · 13

2 · 18
3 · 17
4 · 16
5 · 15

b)
4 · 12
5 · 12
6 · 12
7 · 12

8 · 6
10 · 6
12 · 6
14 · 6

c)
7 · 18
7 · 17
7 · 16
7 · 15

17 · 8
17 · 7
17 · 6
17 · 5

4

a)

10er-Reihe	10	20	30
2er-Reihe	2	4	6
12er-Reihe	12	24	

b)

10er-Reihe	10	20	30
3er-Reihe	3	6	
13er-Reihe	13		

c) Schreibe auch die 11er-Reihe, die 15er-Reihe und die 17er-Reihe.

5

TRAX
Ich verliere manchmal Federn. Immer 3 hänge ich zusammen auf. Ich konnte schon 12-mal Federn aufhängen.

FRIEDERIKE
In meinem Stickeralbum passen immer 19 Bilder auf eine Seite. 6 Seiten habe ich schon voll.

PHILIPP
Ich sammle Autos. Auf meinen 8 Regalbrettern stehen immer 13 Autos.

HEIKE
Ich habe viele Sammelkarten. Immer 15 binde ich mit einem Band zusammen. 7 Stapel habe ich schon.

Halbschriftlich multiplizieren

1 Für das Tierheim wurden 8 Kartons Katzenfutter gespendet.
In einem Karton sind 24 Dosen.

8 · 24 = ▢
8 · 20 = ▢
8 · 4 = ▢

8 · 24 = ▢
160 + 32 = ▢

2

a)		b)		c)		d)		e)	
7 · 36	9	3 · 75	9	7 · 54	18	36 · 5	9	82 · 6	15
5 · 62	4	8 · 64	8	8 · 88	11	27 · 9	9	68 · 7	17
4 · 77	11	6 · 35	3	7 · 38	14	97 · 3	12	85 · 6	6
6 · 78	18	9 · 91	18	9 · 46	9	99 · 4	18	36 · 9	9
4 · 42	15	7 · 83	14	8 · 56	16	66 · 5	6	57 · 8	15

3

a)		b)		c)	
3 · 32	96 · 7	10 · 4	8 · 10	0 · 24	12 · 0
3 · 33	93 · 7	21 · 4	8 · 21	1 · 24	12 · 2
3 · 34	90 · 7	32 · 4	8 · 32	2 · 24	12 · 4
3 · 35	87 · 7	43 · 4	8 · 43	3 · 24	12 · 6

4 Rechne geschickt.

a)	b)	c)
29 · 7	9 · 88	5 · 19
79 · 6	2 · 89	49 · 8
59 · 9	8 · 29	7 · 98
49 · 8	9 · 28	39 · 6
69 · 7	4 · 68	3 · 78

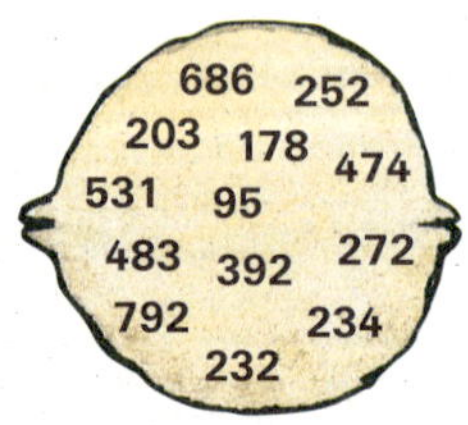

5 Ein Hund sollte am Tag dreimal ausgeführt werden.
Jeder Gang dauert 25 Minuten.

a) Anika geht mit ihrem Hund dreimal am Tag.
b) David geht viermal am Tag mit seinem Hund.
c) Wie viele Minuten gehen Anika und David in einer Woche mit ihren Hunden?

6 Anette macht Ferien auf dem Ponyhof.
Jeder Ausritt dauert 45 min.

a) Am Donnerstag reitet sie zweimal aus.
b) Am Samstag reitet sie dreimal aus.
c) Am Sonntag sind 6 Kinder nacheinander geritten.

Vielfache und Teiler

1 Wie viele sind es?

2 Oskar hat gewürfelt und daraus viele Aufgaben zusammengesetzt.

das 3fache von 10 — 3 · 10 =

das 9fache von 4 — 9 · 4 =

das 7fache von 6 — 7 · ▢ =

das 4fache von

Würfle selbst und rechne möglichst viele Aufgaben.

3 a) Tine hat 20 Würfel. Sie baut gleich hohe Türme. Kein Würfel darf übrig bleiben.
Es gibt mehrere Möglichkeiten.

20 : 1 =
20 : 2 =
20 : 4 = 5
20 : 5 =
20 : 10 =
20 : 20 =

Die Zahlen 1, 2, 4, 5, 10 und 20 sind Teiler von 20.

b) Welche gleich hohen Türme kannst du aus 12 (16, 18, 24) Würfeln bauen?
Schreibe die Teiler der Zahlen auf.

4 a) Schreibe die Teiler der Zahlen auf.

17 32 28 38 23

21 30 15 45 24

b) Wie viele Teiler haben die Zahlen auf den grünen (gelben, roten, blauen) Karten?

c) Finde weitere Primzahlen.

Dividieren durch eine Zehnerzahl

1 Im Musikgeschäft sind neue CDs geliefert worden.

2

a)	b)	c)	d)	e)	f)
160 : 40	300 : 30	160 : 20	140 : 70	900 : 90	100 : 100
160 : 80	150 : 30	320 : 40	280 : 70	450 : 90	100 : 10
80 : 80	150 : 50	640 : 80	280 : 40	450 : 50	100 : 1
270 : 90	540 : 60	180 : 60	560 : 80	500 : 50	600 : 60
270 : 30	540 : 90	180 : 30	560 : 70	250 : 50	600 : 6

3

a)		b)		c)	
12 : 6	70 : 7	800 : 80	90 : 90	100 : 10	100 : 20
120 : 60	700 : 70	720 : 80	180 : 90	200 : 20	150 : 30
18 : 6	63 : 7	640 : 80	270 : 90	300 : 30	200 : 40
180 : 60	630 : 70	560 : 80	360 : 90	400 : 40	250 : 50

4 Setze fort.

a) 200, 180, 160, ..., 0
b) 300, 270, 240, ..., 0
c) 500, 450, 400, ..., 0
d) 400, 360, 320, ..., 0
e) 600, 540, 480, ..., 0
f) 700, 630, 540, ..., 0
g) 800, 720, 640, ..., 0
h) 900, 810, 720, ..., 0
i) 100, 90, 80, ..., 0

5 Rechne die Aufgaben und suche den Lösungsbuchstaben.
Schreibe den Lösungssatz auf.

2	3	4	8	5	6	7	9
T	R	N	E	I	H	G	C

a)	b)	c)	d)
210 : 70	160 : 80	400 : 50	420 : 70
250 : 50	350 : 70	180 : 60	360 : 90
810 : 90	280 : 40	320 : 40	480 : 60
240 : 40	560 : 80	720 : 80	180 : 90

Dividieren durch eine Einerzahl

1 Julia, Leon und Eva schmücken für eine Feier den Klassenraum. Sie wollen 60 Luftballons aufhängen.

2

8 : 2 80 : 2	9 : 3 90 : 3 900 : 3	24 : 8 240 : 8	560 : 7 56 : 7	7 : 7 70 : 7 700 : 7	▢ : 3 210 : 3	350 : 7 ▢ : 7
18 : 6 180 : 6	40 : 5 400 : 5	490 : 7 ▢ : 7	32 : 4 320 : 4	▢ : 5 250 : 5	6 : 2 60 : 2 600 : 2	▢ : 9 450 : 9

3 Rechne Aufgabe und Umkehraufgabe. *180 : 3 = 60* *60 · 3 = ▢*

a)	b)	c)	d)	e)	f)
180 : 3	9 : 9	140 : 2	480 : 8	160 : 4	400 : 8
180 : 6	90 : 9	280 : 4	480 : 6	160 : 8	200 : 4
360 : 6	900 : 9	420 : 6	240 : 8	320 : 4	150 : 3
360 : 4	450 : 9	560 : 8	240 : 6	320 : 8	300 : 6
360 : 9	540 : 9	700 : 7	240 : 3	640 : 8	450 : 9

4 Bilde große Aufgabenfamilien und rechne.

90 · 4 | 400 : 8 | 360 : 60 | 6 · 70 | 40 · 7 | 540 : 60 | 9 · 30 | 80 · 8 | 450 : 90 | 120 : 3

5 Für die Feier werden 20 Packungen Luftschlangen gekauft.

a) In jeder Packung sind 12 Luftschlangen.

b) Die Luftschlangen werden auf 8 lange Tische verteilt.

Halbschriftlich dividieren

1

2 Wie rechnest du?

a)	b)	c)	d)	e)
48 : 4	77 : 7	75 : 5	51 : 3	78 : 6
52 : 4	91 : 7	85 : 5	63 : 3	84 : 6
60 : 4	84 : 7	95 : 5	84 : 3	90 : 6

3

a)	b)	c)	d)	e)	f)
12 : 3	32 : 2	96 : 8	34 : 2	99 : 9	92 : 4
24 : 3	64 : 2	96 : 6	68 : 4	99 : 3	98 : 7
48 : 3	56 : 4	96 : 2	42 : 3	33 : 3	76 : 4
96 : 3	72 : 4	96 : 1	72 : 6	66 : 3	65 : 5

4 Meike bastelt sich ein Quartettspiel. Bei welcher Anzahl von Karten geht das Spiel ohne Rest auf? Wie viele Quartette haben diese Spiele?

44 52 50 86 64 90 68 72 96 36

5

1

2 Wie rechnest du? Rechne auch die Probe.

a)	b)	c)	d)	e)	f)
455 : 5	328 : 8	248 : 4	414 : 9	511 : 7	228 : 6
470 : 5	344 : 8	272 : 4	666 : 9	343 : 7	432 : 6
495 : 5	376 : 8	316 : 4	837 : 9	448 : 7	528 : 6

3

a)	b)	c)	d)	e)	f)
64 : 4	96 : 6	688 : 8	264 : 4	999 : 9	510 : 6
128 : 4	192 : 6	688 : 4	528 : 8	999 : 3	511 : 7
256 : 4	384 : 6	688 : 2	231 : 3	333 : 3	512 : 8
512 : 4	768 : 6	688 : 1	462 : 6	666 : 3	513 : 9

4 Rechne geschickt.

a)	b)
57 : 3	105 : 5
84 : 4	72 : 4
95 : 5	87 : 3
114 : 6	152 : 8
248 : 8	171 : 9
38 : 2	147 : 7

5 a) Anna legt immer 7 Spielkarten in eine Reihe.
Sie hat 133 Karten.

b) Leo stapelt immer 4 Karten zu einem Quartett.
Er hat 76 Karten.

6

Halbschriftlich dividieren mit Rest

1 Für die Sommerferien wurden 74 Kinder im Zeltlager angemeldet.

a) In einem Zelt können 4 Kinder schlafen.

74 : 4 = ▢ R 2
40 : 4 = ▢
32 : 4 = ▢

b) Beim Essen passen 6 Kinder an einen Tisch.

c) Es spielen immer 5 Kinder in einer Fußballmannschaft.

d) Der Metzger liefert morgens 150 Würstchen. Jedes Kind soll 2 Würstchen bekommen.

2

a)	b)	c)
67 : 3	31 : 1	78 : 4
68 : 3	31 : 2	82 : 4
69 : 3	31 : 3	86 : 4
70 : 3	31 : 4	90 : 4

3

a)	b)	c)
74 : 3	82 : 7	54 : 3
65 : 3	76 : 6	54 : 2
49 : 4	98 : 9	98 : 8
59 : 4	72 : 6	98 : 7
63 : 5	84 : 5	77 : 6
89 : 5	67 : 4	77 : 5

4

a)	b)	c)
197 : 7	500 : 9	111 : 9
198 : 7	500 : 8	222 : 9
199 : 7	500 : 7	333 : 9
200 : 7	500 : 6	444 : 9

5

a)	b)	c)
221 : 3	183 : 5	159 : 7
419 : 5	459 : 4	159 : 6
315 : 4	203 : 6	659 : 8
377 : 6	508 : 6	659 : 9
259 : 5	481 : 9	359 : 6
236 : 3	472 : 8	359 : 5

6 Würfle mit 4 Würfeln.
Bilde verschiedene Aufgaben und rechne.

351 : 4	513 : 4
514 : 3	145 : 3
143 : 5	431 : 5
435 : 1	354 : ▢

7

a) Suche dreistellige Zahlen, die beim Teilen durch 3 den Rest 2 haben.

b) Suche dreistellige Zahlen, die beim Teilen durch 5 den Rest 1 (3, 4) haben.

c) Suche dreistellige Zahlen, die beim Teilen durch 8 den Rest 2 (5, 7) haben.

d) Suche dreistellige Zahlen, die beim Teilen durch 4 den Rest 2 haben.

Multiplizieren und dividieren mit Kommazahlen

1

a) Tine kauft 5 Postkarten zu 0,30 € und Briefmarken dazu.
Wie viel muss sie bezahlen?

5 · 0,30 € = ▢ €
5 · 0,45 € = ▢ €

5 · 30 ct = ▢ ct
5 · 45 ct = ▢ ct

$$\begin{array}{r} 1{,}50\ € \\ +\ 2{,}25\ € \\ \hline \square{,}\square\square\ € \end{array}$$

b) Lea kauft 3 runde Postkarten ohne Briefmarken.
c) Salik möchte 4 Postkarten verschicken. Vergleiche verschiedene Preise.
d) Emma hat 4,50 € für Postkarten mit Briefmarken bezahlt.
Was könnte sie gekauft haben? Probiere.

2

Sonderangebote

4 Karten	:	1,00 €
5 Karten	:	3,00 €
4 Karten	:	3,00 €
6 Karten	:	3,30 €

a) Max kauft 4 runde Karten im Sonderangebot.
Was kostet dann eine Karte?
3,00 € : 4 = ▢
Vergleiche auch die anderen Sonderangebote mit den Preisen oben.

300 ct : 4 = ▢ ct
280 ct : 4 = ▢ ct
20 ct : 4 = ▢ ct

b) Oskar kauft für 3,90 € Schiffspostkarten.
c) Julia kauft 5 große und 2 einfache Karten.
d) Stine kauft nur im Sonderangebot. Sie möchte 10 Karten mitnehmen.
e) Paul hat 5 €. Er möchte 6 Karten mit Briefmarken zu 0,45 € verschicken.
Finde verschiedene Möglichkeiten.

3

a) 5 · 0,70 €
4 · 0,90 €
8 · 0,60 €
7 · 0,40 €

b) 0,50 € · 8
0,30 € · 4
0,80 € · 7
0,70 € · 9

4

a) 7,20 € : 9
1,80 € : 3
4,20 € : 6
3,00 € : 5

b) 5,40 € : 6
6,40 € : 8
4,90 € : 7
3,20 € : 4

5

▢ · ▢ = ▢ ▢ : ▢ = ▢

1

a) Carla und Tim kaufen 2 Packungen Nüsse, einen Saft und 3 Brezeln.

b) Jenny kauft für ihre Familie 1 Wurstbrötchen, 2 Steaks, 3 Brezeln und 2 Käsestangen.

c) Tanja kauft eine Waffel, eine Limo und 3 Lose. Sie hat 5 € dabei. Überschlage erst, rechne dann genau.

d) Julian überlegt, ob er sich 8 Lose kaufen soll.

e) Oli bezahlt 4,70 € am Getränkestand.

2 Die Kinder und die Erwachsenen an den Verkaufsständen schreiben Preistabellen für ihre Waren. So können sie beim Verkauf den Gesamtpreis schneller angeben. Schreibe für die Verkaufsstände „Süßes“ und „Essen“ eine Tabelle.

Süßes	1	2	3
Waffeln	*0,90 €*		
Popcorn	*1,00 €*		
Nüsse			

3 Schreibe Aufgabentexte. Lass sie von deinen Mitschülern lösen.

DIRK
5 Lose
1 Popcorn

HENNING
4 €

JANA
3 Lose
1 Limo

MEIKE
2,75 €

NICOLE
1 Wurstbrötchen
1 Waffel
1 Wasser

Verkauf zugunsten unserer Partnerschule in Kolumbien

1

Lass dich schminken!

nur 2,50 €

So viele Kinder haben sich auf dem Schulhof schminken lassen. Die Schminke wurde von einem Geschäft gespendet. Wie viel Geld wurde eingenommen?

2

Geschenk-Karten handbemalt

ohne Umschlag: 1,00 €
mit Umschlag: 1,50 €

Von den Geschenkkarten wurden 58 Stück ohne und 36 Stück mit Umschlag verkauft. Wie viel Geld wurde an diesem Stand eingenommen?

3

Schul-T-Shirt

Die Schule hat 50 kleine und 60 große T-Shirts vom Förderverein geschenkt bekommen. Schüler haben die Shirts mit Stempeln bedruckt.

a) Wie viel Geld hätte beim Verkauf aller T-Shirts eingenommen werden können?

b) Es ist genau die Hälfte der T-Shirts verkauft worden. Wie viel Geld ist damit zusammen gekommen?

4

Auf dem Schulfest sind alle Ballons verkauft worden.

klein	groß	Herz	Tier
50	30	20	20

Für die Ballons wurden vorher insgesamt 125 € ausgegeben. Das Luftballon-Gas hat der Förderverein gestiftet.
Wie viel Geld bleibt als Spende übrig?

Wiederholung

480 → : 80 → □ → · 40 → □ → : 8 → □ → · 5 → □ → : 30 → 5

5 → · 80 → □ → : 40 → □ → · 30 → □ → : 5 → □ → : 1 → □ → · 6 → □ → : 9 → □ → · 10 → □ → : 4 → 100

480 → : 6 → □ → : 4 → □ → · 9 → □ → : 30 → □ → · 60 → □ → : 40 → □ → · 50 → □ → : 5 → □ → · 7 → 630

630 → : 70 → □ → · 40 → □ → : 60 → □ → · 50 → □ → : 3 → 100

1

a)	b)	c)	d)
54 + 3	27 + 9	142 + 70	119 + 83
254 + 3	427 + 9	542 + 70	319 + 83
54 − 3	27 − 9	142 − 70	119 − 83
254 − 3	427 − 9	542 − 70	319 − 83

2 Finde Rechenfehler! Bei einigen Aufgaben reicht der Überschlag.

317 + 428 = 735	488 + 408 = 896	772 + 218 = 790	523 + 266 = 799	678 + 222 = 900
824 − 611 = 215	999 − 654 = 345	702 − 408 = 306	511 − 492 = 919	381 − 333 = 52

3 Immer 2 Längen ergeben einen Meter. *96 cm + □ cm = 1 m*

96 cm, 18 cm, 45 cm, 35 cm, 73 cm, 28 cm

72 cm, 65 cm, 100 cm, 82 cm, 83 cm

27 cm, 17 cm, 0 cm, 4 cm, 55 cm

4

a)	b)	c)
190 cm = *1,90 m*	806 cm	74 cm
412 cm	38 cm	503 cm
80 cm	1 cm	327 cm
7 cm	700 cm	8 cm

5

a) Roman hat einen Schulweg von 1 km Länge. Wo wohnt er?

b) Anna geht 990 m.

c) Wie lang ist Romans Schulweg, wenn er Anna abholt?

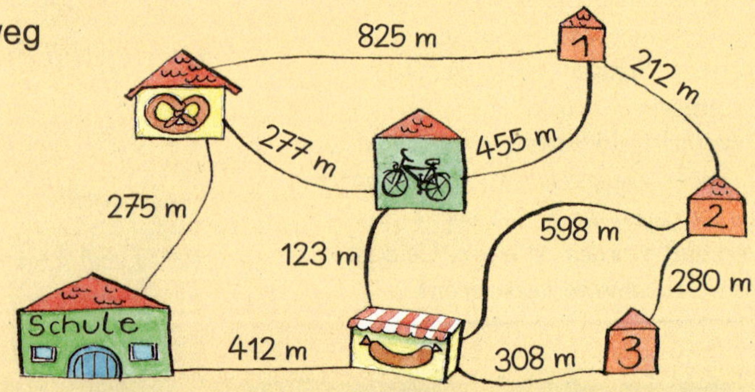

Wiederholung

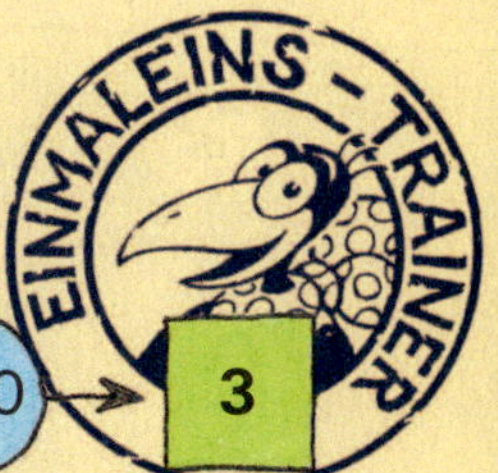

100 —:4→ ■ —·3→ ■ —:5→ ■ —·8→ ■ —:40→ 3

3 —·16→ ■ —·7→ ■ —:6→ ■ —·9→ ■ —:7→ ■ —·5→ ■ —:9→ ■ —·5→ ■ —:2→ 100

100 —:5→ ■ —·3→ ■ —:5→ ■ —·8→ ■ —·7→ ■ —:6→ ■ —:4→ ■ —·9→ ■ —:7→ 36

36 —·3→ ■ —:6→ ■ —·10→ ■ —:9→ ■ —·5→ 100

1 Würfle mit 3 Würfeln.
Erfinde viele verschiedene
Aufgaben und rechne.

2 Stelle das Gewicht fest.

3 Ergänze zur nächstgrößeren Einheit.

900 g + ■ g = 1 kg *200 kg + ■ kg = 1 t*

a) 900 g	b) 50 g	c) 2 g	d) 200 kg	e) 981 kg
800 g	350 g	48 g	20 kg	528 kg
700 g	650 g	391 g	500 kg	73 kg
600 g	950 g	744 g	50 kg	6 kg

4 Vergleiche.

a) 900 ml ■ 1 l
4000 ml ■ 3 l
500 ml ■ $\frac{1}{2}$ l
200 ml ■ $\frac{1}{4}$ l

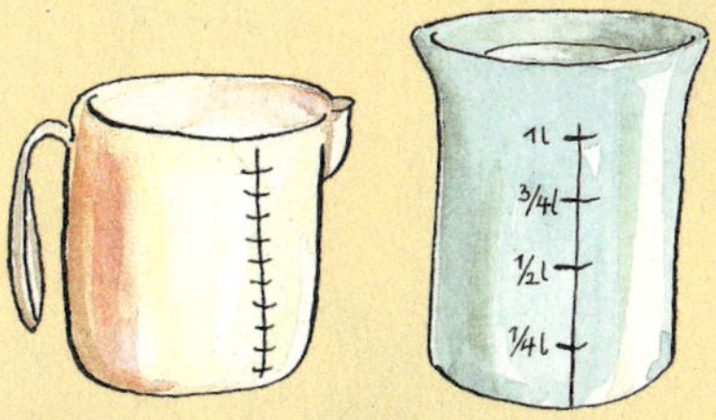

b) 330 ml ■ 303 ml
250 ml ■ $\frac{1}{4}$ l
4999 ml ■ 5 l
$\frac{1}{4}$ l ■ $\frac{1}{2}$ l

5 Bilde große Aufgabenfamilien mit je 8 Aufgaben.

720 : 8 | 20 · 9 | 560 : 7 | 50 · 5 | 3 · 80 | 7 · 50 | 810 : 9 | 280 : 40

1

a) Nimm 4 Streichholzschachteln und suche weitere Lösungen für Pia.

b) Schaffst du es auch, dass jede Streichholzschachtel …
- genau eine andere berührt?
- 3 andere Schachteln berührt?

2

a) Nimm 6 Streichholzschachteln und suche weitere Lösungen für Tom.

b) Schaffst du es auch, dass jede Streichholzschachtel …
- genau eine andere berührt?
- 3 andere Schachteln berührt?
- 4 andere Schachteln berührt?

3 Fünf Kisten werden verschieden gestapelt. Wie viele andere Kisten berührt die rote (blaue, gelbe, grüne und graue) Kiste mit einer Fläche? Zeichne eine Tabelle und trage ein.

4 Der rot angemalte Holzwürfel wurde durch 6 Schnitte zersägt, so dass kleine Würfel entstehen.

a) Wie viele kleine Würfel sind entstanden?

b) Wie viele der kleinen Würfel haben 3 (2, 1 oder 0) rote Flächen?

c) Wie ist es bei 9 Schnitten?

1 und **2** Die Streichholzschachteln sollen sich an Flächen berühren. Das Aneinanderstoßen von Kanten gilt nicht als Berühren.

1 Jan hat Frankas Gebäude nachgebaut. Welche Gebäude haben die gleiche Form? Finde das Lösungswort.

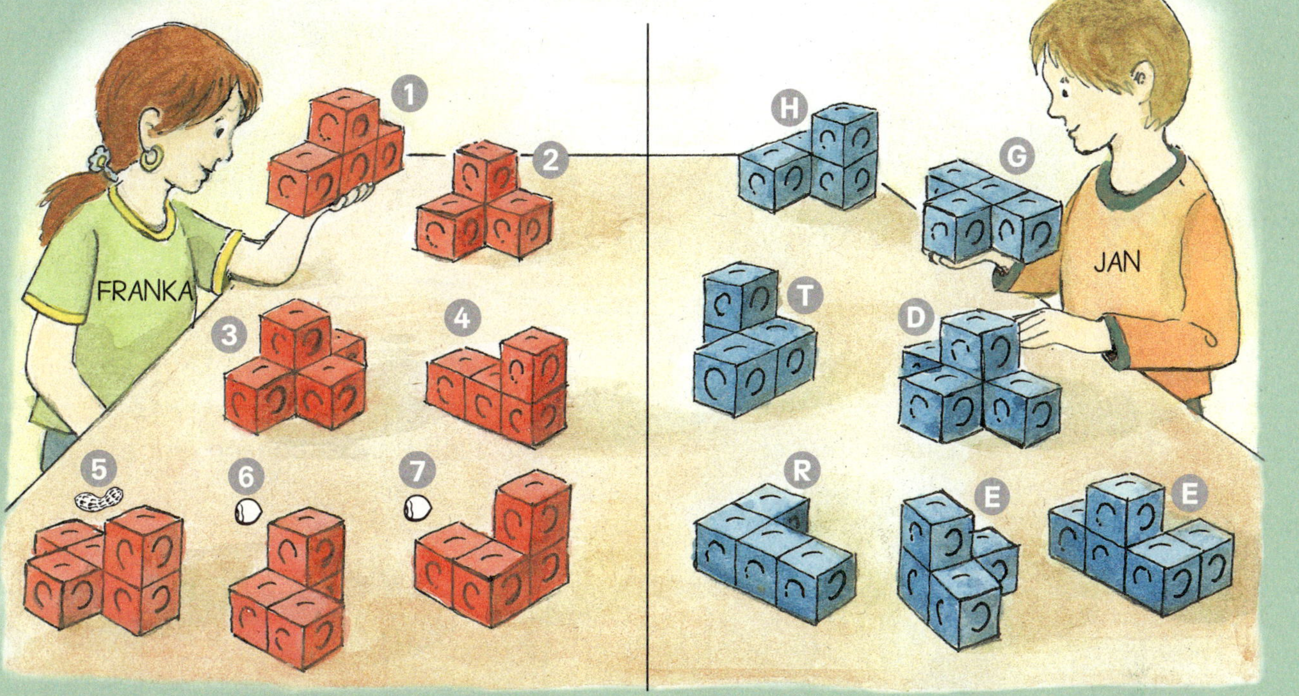

2 Alles verdreht! Welche 2 gelben Körper stimmen nicht mit dem roten Körper überein?

Symmetrische Figuren

1 Kleckse, falte und zeichne.

2 Sind die schwarzen Linien Spiegelachsen? Überprüfe mit einem Spiegel.

Suche weitere Spiegelachsen.

3 Wie viele Spiegelachsen gibt es?

Notiere: Flagge ▢ hat ▢ Spiegelachsen.

4 Suche die Fehler.

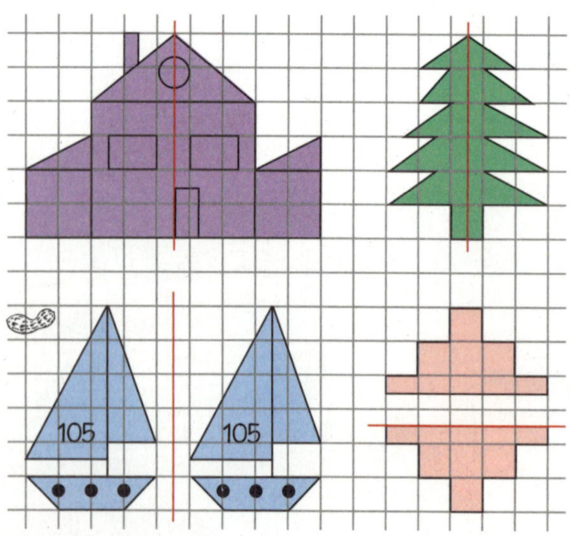

5 Welche Figur hat keine Spiegelachse?

1

Spiel für 2 Personen:

Franka zeichnet eine Figur. Jan zeichnet die Figur spiegelbildlich.

Jetzt zeichnet Jan zuerst und ergänzt einen Teil zur Figur.

2 Zeichne die Figur in dein Heft und ergänze das Spiegelbild. Kontrolliere mit dem Spiegel.

3 Suche Spiegelachsen.

A B C L

F H K E

M T X O

Finde weitere Buchstaben mit Spiegelachsen.

4 Wie heißt die Botschaft?

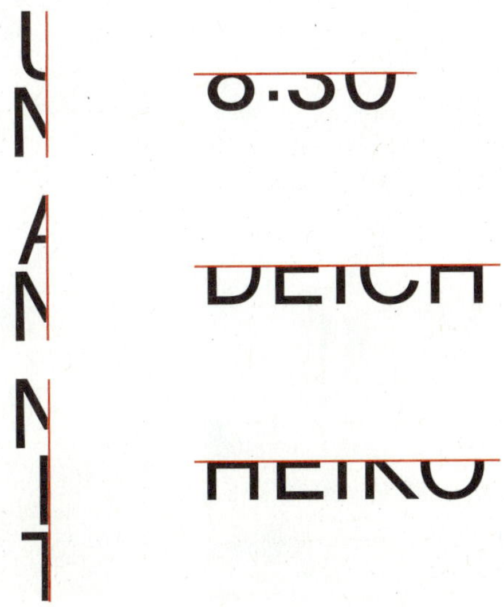

Stadtplan

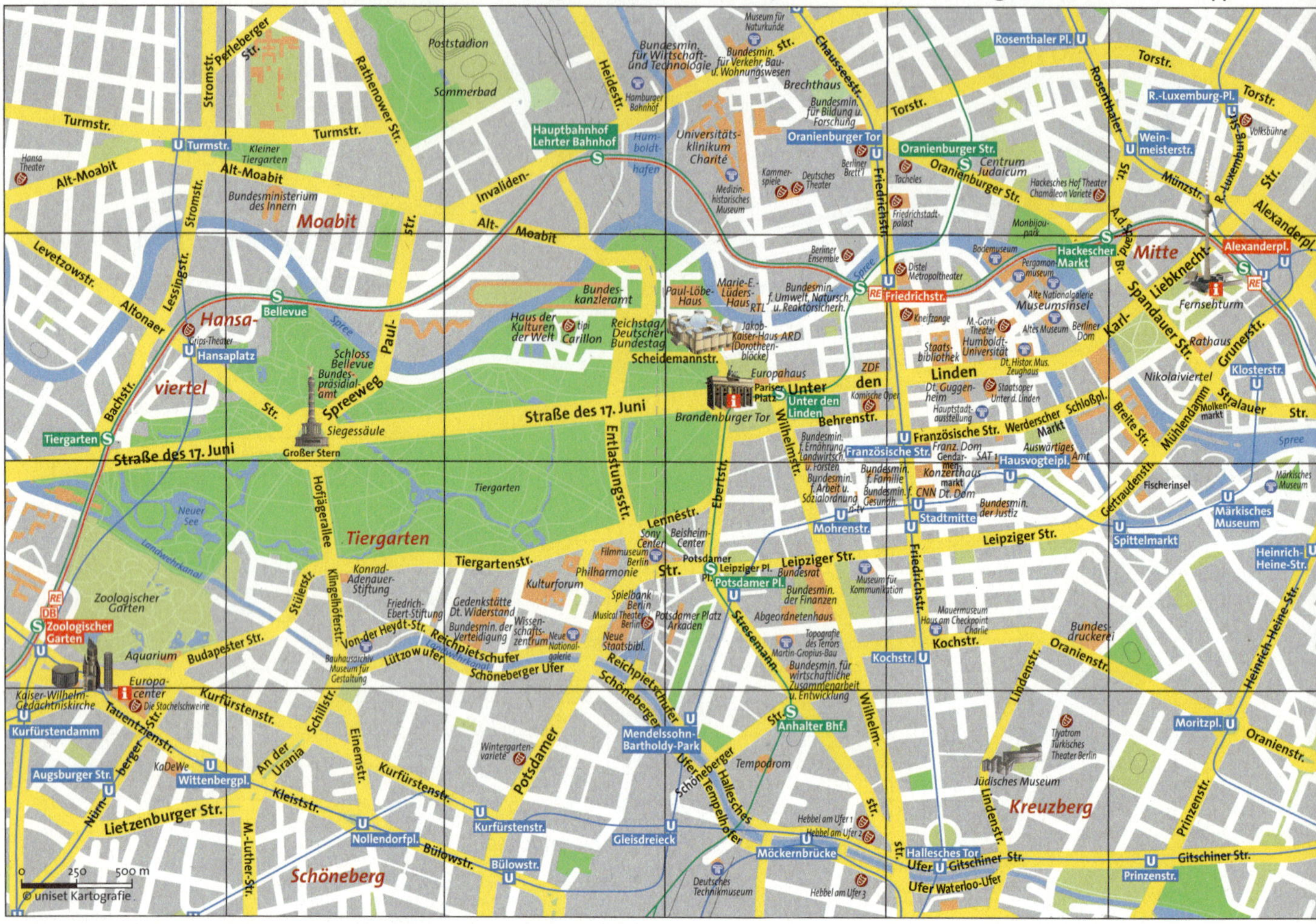

1 Suche die Gebäude auf dem Stadtplan.

1

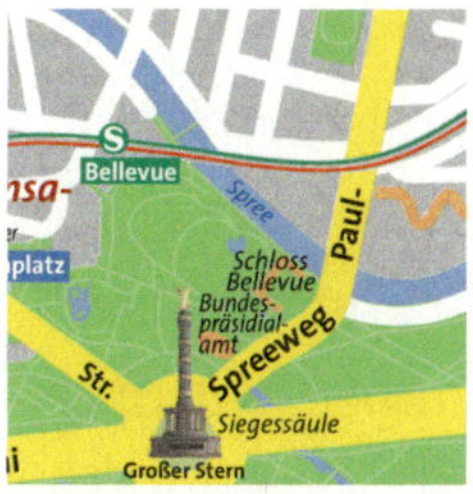

Der Stadtplan ist in Quadrate eingeteilt. Ein Planquadrat wird durch einen Buchstaben und eine Zahl bestimmt.
Das ist das Planquadrat D5.

a) Suche die Planquadrate C4, H7, D6, G5 und E7.
b) Welche Planquadrate grenzen an D6?
Welche an G6, E5, F7, G4 und H7?

2 Welche Planquadrate sind es?

a)

b)

c)

d)

3 Suche auf dem Plan:
a) Brandenburger Tor (F5)
b) Aquarium (C6)
c) Bundeskanzleramt (E5)
d) Haltestelle: Moritzplatz (H7)
e) Grips-Theater (C5)
f) Touristeninformation (C7, F5, H5)

4 In welchem Planquadrat findest du ...?
a) Deutscher Bundestag (Reichstag)
b) Fernsehturm
c) Staatsoper Unter den Linden
d) Museumsinsel
e) Stresemannstraße
f) Kreuzberg

5 Suche Wege und beschreibe sie:
a) vom Humboldt-Hafen (E4) zur Siegessäule,
b) vom Zoologischen Garten (C6) zum Grips-Theater,
c) mit der U-Bahn vom Alexanderplatz (H5) zum Potsdamer Platz.
d) Denke dir Wege für deinen Partner aus.

6 Ein Zentimeter auf dem Plan ist in der Wirklichkeit ungefähr 300 Meter.
Berechne, wie lang die folgenden Straßen ungefähr sind:
a) Spreeweg
b) Tiergartenstraße
c) Unter den Linden
d) Leipziger Straße
e) Mühlendamm

7

Punkte im Gitternetz

1

Du bist Schatzsucher.

a) Mit dem Drehfallschirm landest du in der Piratenbucht. Wie findest du zum Schatz? (Vorsicht vor dem Fluss und vor dem Eingeborenendorf!)

b) Wenn du den Schatz gefunden hast, gehst du 3 Kästchenlängen (KL) nach Osten, 6 KL nach Süden und 2 KL nach Westen. Dort ist ein gutes Nachtlager.

c) Am nächsten Tag wartet das Schiff an der Steilküste. Gehe an der Wasserstelle vorbei zur Küste.

d) Wie lang sind deine Wege? (1 KL bedeutet 1 km)

2

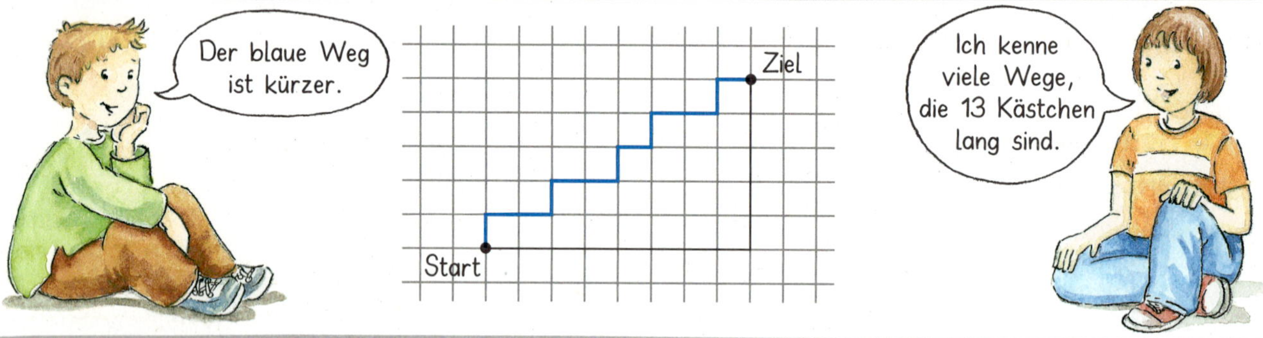

3 Die Kinder wechseln die Plätze.

a) Bernd geht 4 KL nach unten und 5 KL nach rechts: 4↓ 5→
Sandra geht: 7← 4↑
Tanja geht: 5↑
Udo geht: 3↓ 3←

b) Anke geht zu Sven, Sven geht zu Bernd.

c) Welches Kind war am Anfang am weitesten von Anke entfernt?

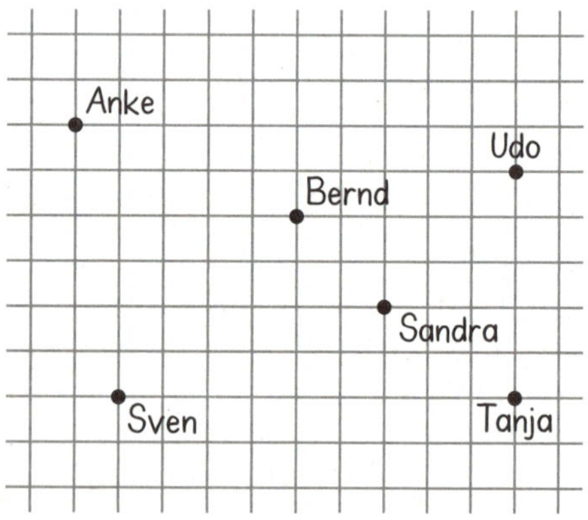

4 Zeichne Figuren nach folgenden Vorschriften:

a) 6↑ 2← 2↑ 6→ 2↓ 2← 6↓ 2←

b) 10↑ 5→ 2↓ 3← 2↓ 2→ 2↓ 2← 4↓ 2←

c) 8↑ 2→ 3↓ 2→ 3↑ 2→ 8↓ 2← 3↑ 2← 3↓ 2←

1 Bastle einen Drehfallschirm.

a) Zeichne den Plan auf Karopapier und schneide ihn aus.
b) Falte einen Flügel nach vorn, den anderen nach hinten. Knicke das untere Ende um. Eine Heftklammer dient als Gewicht.

Der Drehfallschirm funktioniert auch, wenn du ein kleineres oder größeres Schnittmuster wählst.

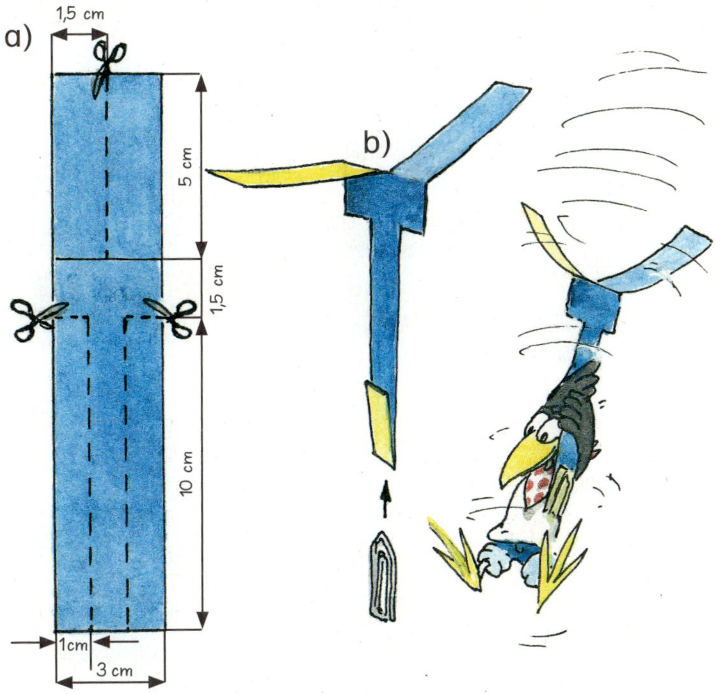

2

Falte ein Blatt Papier der Länge nach. Schneide es dann mehrmals von oben und unten ein:

Schneide danach die Faltkanten (mit Ausnahme der ersten und letzten) auf. Nun kannst du das Blatt auseinanderziehen.

3

Zeichne einen Streifen, der 3 cm breit und möglichst lang ist. Schneide ihn aus und kennzeichne die Mittellinie. Verdrehe das Band einmal und klebe die Enden zusammen:

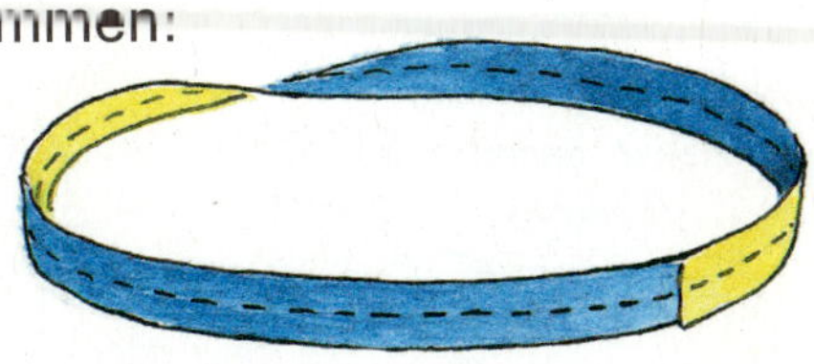

Zerschneide nun das Band entlang der Mittellinie.

Fertige ein weiteres Band an und verdrehe es zweimal. Klebe es zusammen und schneide wieder:

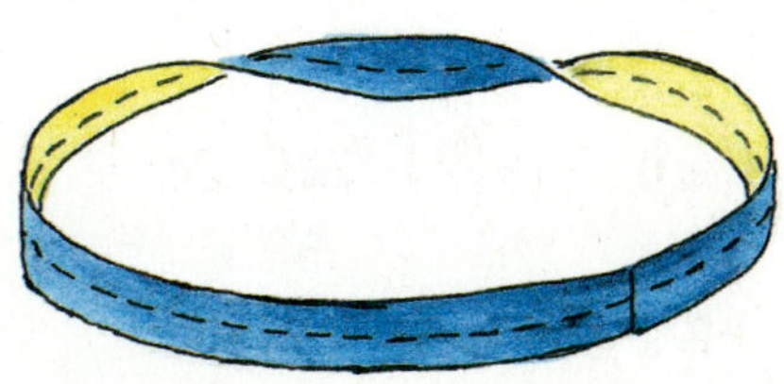

Sekunden und Minuten

1 Liv hat genau 75 Sekunden gebraucht.

75 Sekunden = 1 Minute 15 Sekunden

75 s = 1 min 15 s

1 Minute	**=**	**60 Sekunden**
1 min	**=**	**60 s**

2 a) Wer schwamm am schnellsten?

b) So schnell schwammen die anderen. Schreibe alle Zeiten in Minuten und Sekunden.

Gruppe 2

PATRICIA: 125 s	LARS: 87 s
MARKUS: 200 s	JONAS: 82 s

Gruppe 3

MAREIKE: 104 s	MARIA: 122 s
FABIAN: 215 s	JOHN: 96 s

3

a) Wie viel Zeit brauchst du zum Umziehen?
b) Was schaffst du alles in einer Minute?
c) Wie lange kannst du unter Wasser bleiben?
d) Wie oft atmest du in einer Minute?
Und nach 20 Kniebeugen?

4 Wie viele Sekunden fehlen bis zur vollen Minute? *36 s + ___ s = 1 min*

a)	b)	c)
36 s	41 s	9 s
54 s	22 s	19 s
49 s	58 s	29 s
28 s	30 s	39 s

5 Wie viele Sekunden sind es? *3 min = ___ s*

a)	b)	c)
3 min	10 min	3 min 5 s
5 min	12 min	1 min 10 s
7 min	15 min	1 min 40 s
4 min	11 min	2 min 10 s

1

Was würdest du sagen?

2 Wie viele Minuten?

$\frac{1}{4}$ h = ☐ min $\frac{1}{2}$ h = ☐ min $\frac{3}{4}$ h = ☐ min   1 h = ☐ min

3 Wie viele Stunden und Minuten?

65 min = 1 h 5 min

a) 65 min	b) 120 min	c) 240 min
75 min	150 min	255 min
61 min	185 min	300 min
88 min	172 min	330 min

4 Wie viele Minuten?

1 h 20 min = 80 min

a) 1 h 20 min	b) 2 h 35 min	c) 6 h
1 h 40 min	2 h 8 min	8 h
1 h 55 min	3 h 25 min	$\frac{1}{2}$ h
1 h 9 min	4 h 30 min	$\frac{3}{4}$ h

5 Schreibe immer zwei Uhrzeiten auf. *6.10 Uhr, 18.10 Uhr*

a) b) c) d) e)

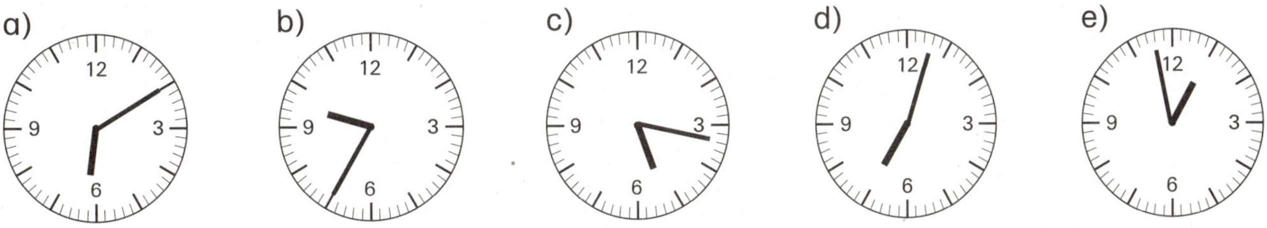

6 Schreibe die Uhrzeiten für den Nachmittag auf. *17.45 Uhr*

a) Es ist Viertel vor sechs.

b) Es ist fünf Minuten nach halb vier.

c) Es ist drei nach zwei.

d) Es ist fünf Minuten vor vier.

e) Es ist halb drei.

f) Es ist zwölf Minuten vor sechs.

g) Es ist sechs Minuten nach fünf.

Zeitspannen

1

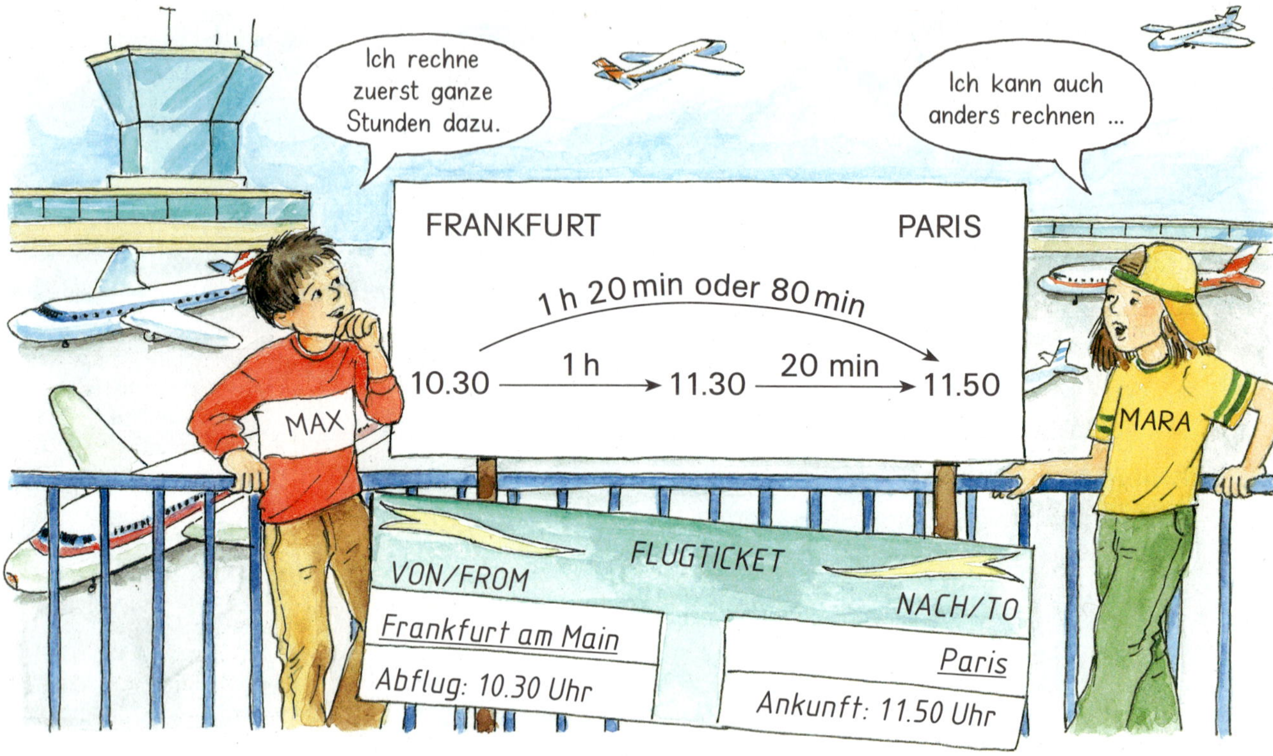

2 a) Wie lange dauern die Flüge?

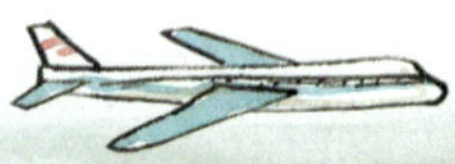

	Abflug	Ankunft	
FRANKFURT AM MAIN	8:05 UHR	9:25 UHR	BOLOGNA
FRANKFURT AM MAIN	8:20 UHR	9:35 UHR	AMSTERDAM
FRANKFURT AM MAIN	9:15 UHR	10:10 UHR	LEIPZIG
FRANKFURT AM MAIN	10:25 UHR	11:50 UHR	LYON
FRANKFURT AM MAIN	14:45 UHR	16:55 UHR	BARCELONA
FRANKFURT AM MAIN	15:40 UHR	16:40 UHR	HAMBURG
FRANKFURT AM MAIN	16:30 UHR	18:35 UHR	NEAPEL
FRANKFURT AM MAIN	17:25 UHR	19:55 UHR	MALLORCA

b) Kosta fliegt mit seiner Mutter nach Barcelona. Das Flugzeug landet mit 25 min Verspätung.

c) Nach der Ankunft in Neapel warten die Reisenden auf ihr Gepäck. Um 19.15 Uhr rollen die Koffer endlich heran.

d) Nina ist mit ihren Eltern 2 Stunden und 30 Minuten in den Urlaub geflogen.

e) Jacques besucht seine Großeltern. Er ist 1 Stunde und 25 Minuten mit dem Flugzeug unterwegs.

3 Berechne die Zeitspannen bis zum Check-in.

Check-in **Mallorca**	Check-in **Rom**	Check-in **New York**	Check-in **Peking**
15.20	17.30	17.45	18.10

1 Wie viel Zeit ist vergangen?

a) ☐ min
07.15 ⟶ 08.05

b) ☐ h ☐ min
12.30 ⟶ 13.45

c) ☐ h ☐ min
17.00 ⟶ 20.15

d) ☐ min

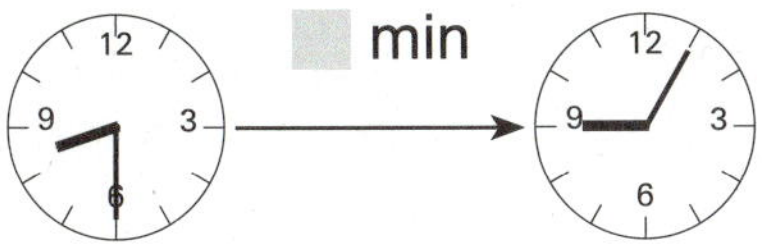

e) ☐ h ☐ min

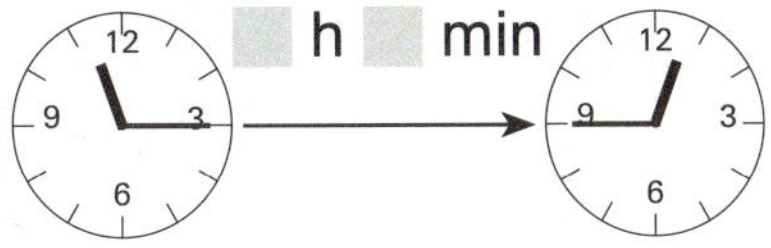

f) ☐ h ☐ min

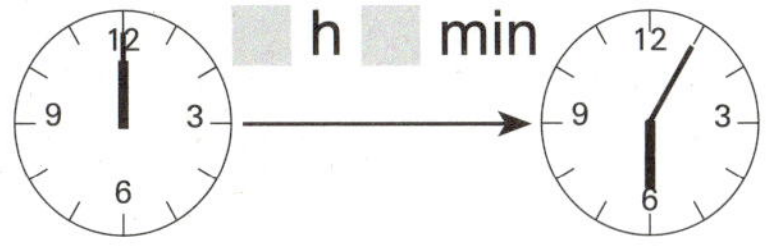

2 Alina und Raphael verbringen mit ihrem Vater einen Fahrradurlaub auf Rügen.

a) Um 8.15 Uhr sind sie in Binz losgefahren. Nach 35 Minuten fahren sie durch das Ostseebad Sellin.

b) Von Sellin brauchen sie noch 1 h 10 min bis nach Thiesow.

c) In Göhren überlegen sie, ob sie eine halbe Stunde Pause machen sollen.

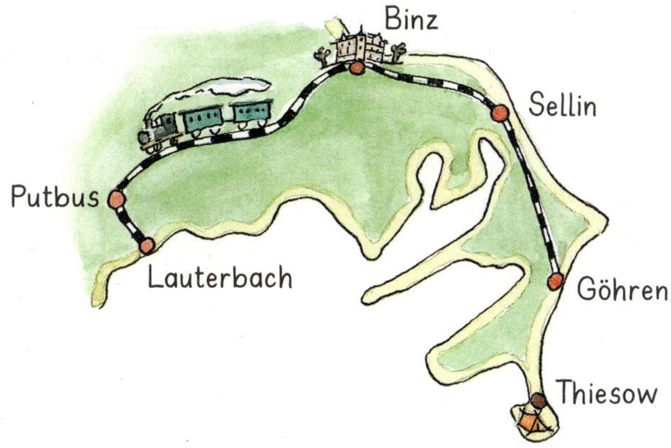

3

a) In Thiesow haben sie um 10.55 Uhr einen schönen Zeltplatz gefunden. 30 Minuten später steht das neue Iglu-Zelt schon.

b) Vaters Spezial-Suppe muss 60 Minuten kochen. Um 12.45 Uhr dampft sie auf den Tellern.

Beginn ⟶ Ende

c) Raphael pumpt 35 Minuten, dann pumpt Alina noch 45 Minuten. Um 15.55 Uhr lassen sie das große Schlauchboot zu Wasser.

d) Am Sonntag um Viertel nach neun radeln alle drei ins Ostseebad Sellin. Sie wollen dort einen Strandspaziergang machen. 10 Minuten vor 13.00 Uhr sind sie wieder auf dem Zeltplatz.

4 Schreibe selbst Reise-Rechengeschichten und löse sie.

a) 45 min
10.35 Uhr ⟶ ☐

b) ☐
9.15 Uhr ⟶ 12.20 Uhr

c) 55 min
☐ ⟶ 13.12 Uhr

d) 2 h 15 min
14.12 Uhr ⟶ ☐

e) ☐
20.35 Uhr ⟶ 22.10 Uhr

f) ☐
☐ ⟶ ☐

5

Fahrplan: *Rasender Roland*		Abfahrt	Fahrzeit	Ankunft
Putbus	– Ostseebad Sellin	9.10	50 min	
Binz	– Ostseebad Sellin		30 min	14.40
Binz	– Göhren	15.35		16.22
Lauterbach	– Göhren		1 h 24 min	20.22

Unterbringung	Personen		Hauptsaison 01.07. – 31.08.			Nebensaison 01.01.–30.06. und 01.09.–31.12.		
			1 Woche	2 Wochen	Verl.-Woche	1 Woche	2 Wochen	Verl.-Woche
Gasthof Sonnenblick ***								
DZ	2	VP	215 €	398 €	175 €	178 €	308 €	135 €
EZ	1	VP	258 €	475 €	218 €	205 €	357 €	168 €
Kinder (6 bis 12 Jahre)		VP	135 €	248 €	115 €	98 €	175 €	78 €
Hotel Mariana ****								
DZ	2	VP	295 €	518 €	215 €	266 €	478 €	165 €
EZ	1	VP	348 €	629 €	298 €	285 €	518 €	207 €
Kinder (6 bis 12 Jahre)		VP	189 €	348 €	149 €	139 €	258 €	105 €
Gästehaus Henrichs **								
DZ	2	HP	168 €	325 €	125 €	146 €	269 €	108 €
EZ	1	HP	205 €	385 €	187 €	165 €	286 €	129 €
Kinder (6 bis 12 Jahre)		HP	99 €	176 €	75 €	78 €	137 €	55 €

Alle angegebenen Preise gelten pro Person. Kinder bis 5 Jahre frei.
Ab 2 Wochen Aufenthalt können Verlängerungswochen gebucht werden.

1 Kannst du die Preisliste lesen?

a) In welchem Zeitraum ist Hauptsaison? Von wann bis wann dauert die Nebensaison?

b) Was bedeuten EZ und DZ? Bis zu welchem Alter können Kinder kostenlos mitfahren?

c) Ab wann kann man eine Verlängerungswoche buchen?

d) VP und HP sind Abkürzungen für Vollpension und Halbpension. Was bedeutet das?

2 Wie teuer ist eine Woche im Einzelzimmer für einen Erwachsenen im Gasthof Sonnenblick in der Nebensaison? So findest du die gesuchte Information in der Tabelle:

Unterbringung	Personen		Hauptsaison 01. 07. – 31. 08.			Nebensaison 01.01.–30.06. und 01.09.–31.12.		
			1 Woche	2 Wochen	Verl.-Woche	1 Woche	2 Wochen	Verl.-Woche
Gasthof Sonnenblick ***								
DZ	2	VP	215 €	398 €	175 €	178 €	308 €	135 €
EZ	1	VP	258 €	475 €	218 €	205 €	357 €	168 €
Kinder (6 bis 12 Jahre)		VP	135 €	248 €	115 €	98 €	175 €	78 €

3 a) Was kosten 2 Wochen für ein 9-jähriges Kind im Hotel Mariana während der Hauptsaison?

b) Wie teuer ist ein dreiwöchiger Aufenthalt in der Nebensaison für ein 5-jähriges Kind und seine Mutter im Gasthof Sonnenblick?

c) Wie viel muss ein Erwachsener in der Hauptsaison für eine Verlängerungswoche im Doppelzimmer im Gästehaus Henrichs bezahlen?

d) Was bezahlt man zur gleichen Zeit dafür im Hotel Mariana?

4 Herr Böhm hat seinen Urlaub im Kalender eingerahmt. Er möchte ihn zusammen mit seiner Frau im Gästehaus Henrichs verbringen.

JUNI

Mo	Di	Mi	Do	Fr	Sa	So
						1
2	3	4	5	6	7	8
9	10	11	12	13	14	15
16	17	18	19	20	21	22
23	24	25	26	27	28	29
30						

5 Frau Balk überlegt, ob sie eine Woche während der Hauptsaison im Hotel Mariana oder 2 Wochen während der Nebensaison im Gasthof Sonnenblick Urlaub machen soll.

6 Tante Rosi macht jedes Jahr im Mai 3 Wochen Urlaub im Gasthof Sonnenblick. In diesem Jahr war sie krank und wird deshalb erst im August fahren.

7

Familie Graf plant den Sommerurlaub. Frau Graf, ihr Mann und Tochter Lisa (11 Jahre) wollen in der Nebensaison für 3 Wochen in den Urlaub fahren. Sie vergleichen die Preise.
Frau Graf rechnet, dass zusätzlich zur Halbpension noch 8 € pro Tag und Person für Proviant hinzukommen.
Die Tabellen helfen dir. Trage sie ins Heft ein und vervollständige.

Gasthof/Hotel/Gästehaus			
	2 Wochen	Verl.-Woche	gesamt
Fr. Graf			
Hr. Graf			
Lisa			

	Kosten am Tag	Anzahl der Tage	Gesamtkosten
Fr. Graf	8 €		
Hr. Graf	8 €		
Lisa	8 €		

8 a) Herr Regler, seine Frau und die beiden Kinder Tobias (8 Jahre) und Christina (10 Jahre) wollen während der Pfingstferien im Gästehaus Henrichs 2 Wochen Urlaub machen. Was kostet die Unterbringung im Gästehaus insgesamt, wenn Herr und Frau Regler ein Doppelzimmer nehmen?

b) Zu den Kosten für die Unterbringung kommen noch weitere hinzu:
Benzinkosten: 65 €
Mittagessen pro Tag und Person: 10 €

Kostenaufstellung	
Hr. Regler	
Fr. Regler	
Christina	
Tobias	
Fahrtkosten	
Mittagessen	
gesamt:	

Mit dieser Tabelle verlierst du nicht die Übersicht!
Trage sie in dein Heft ein und rechne aus.

1

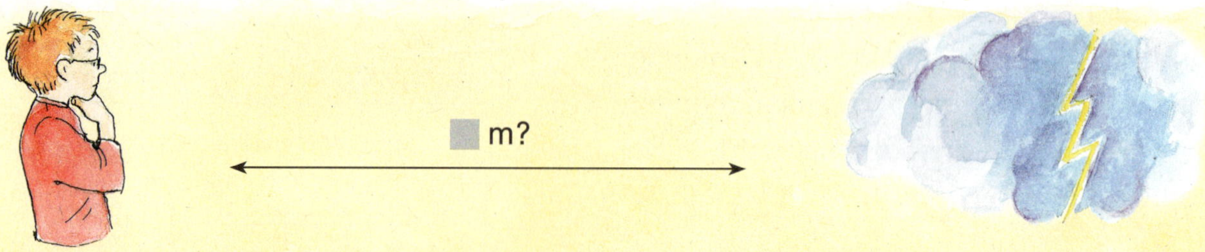

Max sieht von seinem Zimmer aus einen Blitz am Himmel. Drei Sekunden später hört er den Donner. Er überlegt, wie weit der Blitz von ihm entfernt war.

> WEISST DU SCHON?
> Einen Blitz kann man sofort sehen. Den Donner hört man aber erst später, da sich der Schall (das, was man hört) langsamer durch die Luft bewegt als das Licht (das, was man sieht).
> In der Luft schafft der Schall ungefähr 333 Meter in einer Sekunde. Man nennt das die „Schallgeschwindigkeit".

Du kannst jetzt ausrechnen, wie weit der Blitz von Max entfernt war.

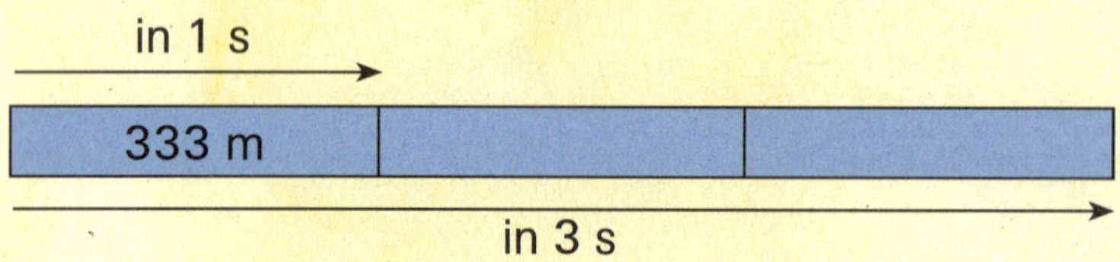

2 Christine und Katja sind mit ihren Eltern beim Wandern in den Bergen. Auf einem gegenüberliegenden Berg sehen sie eine Wandergruppe, die ihnen „Hallo" zuruft. Wie lange braucht der Schall ungefähr, wenn die beiden Berge 660 m voneinander entfernt sind?

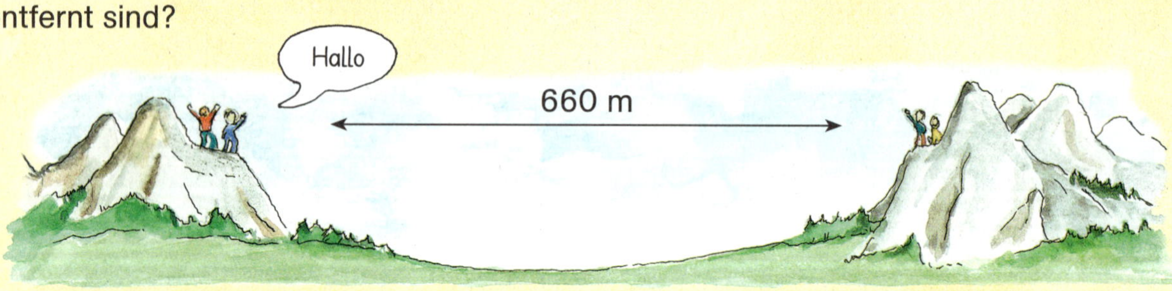

3 Ein Wal-Baby ruft seine Mutter. Wie weit ist es von seiner Mutter entfernt, wenn der Schall 3 Sekunden später bei ihr ankommt?

> WEISST DU SCHON?
> Wie die Menschen verständigen sich auch die Wale mit Hilfe des Schalls. Im Wasser ist der Schall aber viel schneller als in der Luft. Hier schafft er ungefähr 1 km 500 m in der Sekunde.

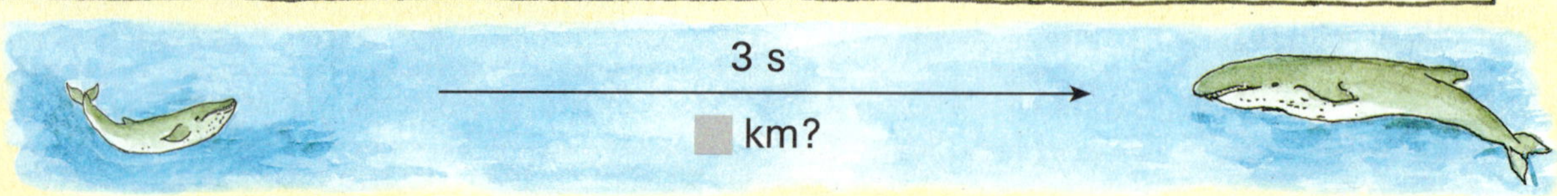

4 Wie weit ist der Blitz entfernt, wenn man den Donner ...
a) nach 5 s,
b) nach 10 s hört?

5 Nach wie vielen Sekunden hört man den Donner, wenn der Blitz ...
a) 666 m,
b) 1332 m entfernt ist?

1

a) Überlege, bei welchen Aufgaben man etwas Sinnvolles ausrechnen kann. Rechne diese Aufgaben aus und beantworte die Fragen.

b) Welche Aufgabe kann man beantworten ohne zu rechnen?

c) Ist eine Aufgabe dabei, die man gar nicht lösen kann?

Hermann muss 25 Kartoffeln schälen. Für eine Kartoffel braucht er eine Minute. Wie lange dauert das Schälen, wenn ihm seine 4 Freunde helfen, die genauso schnell schälen wie er?

Christine kocht sich ein Frühstücksei in 4 Minuten. Wie lange dauert es, wenn sie sich 3 Eier kocht?

Ein Straßenbauarbeiter schaufelt einen 4 Meter langen Graben in 4 Tagen aus. Wie lange hätten 4 Arbeiter dafür gebraucht?

Tante Ulrike gießt ihren Gummibaum jeden Tag mit einem Becher Wasser. Dadurch wächst er einen Zentimeter in einem Monat. Wie viele Zentimeter würde er in einem Monat wachsen, wenn er 3 Becher Wasser am Tag bekäme?

Durch eine einfache Glasscheibe kann man ungefähr 3 Kilometer weit sehen. Wie weit kann man wohl durch eine Doppelglasscheibe sehen?

2 Verändere die Aufgaben so, dass sie sinnvoll und lösbar werden.

a) Ein Büffel kann 50 km in einer Stunde laufen. Wie weit kommen 2 Büffel in 2 Stunden?

b) Ein Eichhörnchen hat Nüsse versteckt. Im Winter findet es 35 Nüsse wieder. Wie viele hatte es versteckt?

c) Im Nest sitzen 3 junge Vögel. Es sind Meisen. Wie viele Eier werden noch ausgebrütet?

Trax

Gewicht:	4 kg
Größe:	64 cm
Alter:	10 Jahre
Geschwindigkeit:	50 km/h

Känguru

Gewicht:	70 kg
Größe:	160 cm
Alter:	20 Jahre
Geschwindigkeit:	88 km/h

Husumer Landschwein

Gewicht:	350 kg
Größe:	92 cm
Alter:	20 Jahre
Geschwindigkeit:	20 km/h

Giraffe

Gewicht:	1 930 kg
Größe:	600 cm
Alter:	25 Jahre
Geschwindigkeit:	50 km/h

Trampeltier

Gewicht:	1000 kg
Größe:	230 cm
Alter:	35 Jahre
Geschwindigkeit:	15 km/h

1 a) Welches ist dein Lieblingstier? Kannst du es auf dieser Seite entdecken?

b) Suche dir 5 Tiere aus. Sammle die verschiedenen Angaben zur Größe der Tiere in einer Tabelle.

c) Zeichne ein Blockbild zur Größe der verschiedenen Tiere. Für wie viele Zentimeter könnte ein Kästchen stehen? Überlege genau, bevor du anfängst zu zeichnen.

2 Du kennst auch noch andere Zootiere. Finde heraus, wie groß und wie alt sie werden können.

a) Schreibe Informationskarten zu den Tieren.

b) Gestaltet eine Ausstellung im Klassenzimmer.

Gepard

Gewicht:	65 kg
Größe:	130 cm
Alter:	16 Jahre
Geschwindigkeit:	120 km/h

Seelöwe

Gewicht:	200 kg
Größe:	250 cm
Alter:	28 Jahre
Geschwindigkeit:	40 km/h

Löwe

Gewicht:	260 kg
Größe:	200 cm
Alter:	25 Jahre
Geschwindigkeit:	75 km/h

Pinguin

Gewicht:	5 kg
Größe:	70 cm
Alter:	25 Jahre
Geschwindigkeit:	36 km/h

Alle Zahlen geben die Höchstwerte an.

1 Wie hoch sind die Futterkosten für ...
a) die einzelnen Tiere in einer Woche (in 4 Wochen)?
b) für alle 5 Tiere in 4 Wochen zusammen?

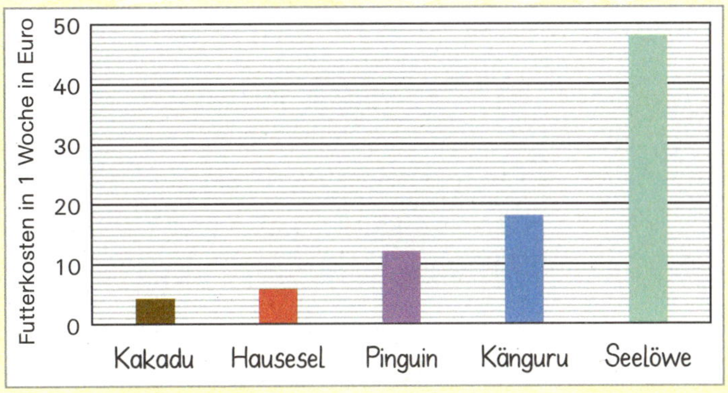

2 Jährliche Futterkosten in einem Zoo:

25 €	100 €	500 €	1 000 €	5 000 €
Ente	Papagei	Adler	Gibbon	Elefant
Gans	Storch	Geier	Meerkatze	Gorilla
Hamster	Schaf	Kamel	Robbe	Tiger
Rennmaus	Ziege	Zebra	Antilope	Tümmler

Vergleiche die Futterkosten der Tiere und stelle Fragen dazu.
Zum Beispiel: Wie viele Gänse verursachen die gleichen Futterkosten wie ... ?

3

Ein ausgewachsener Löwe frisst ungefähr 8 kg Fleisch am Tag, eine Löwin ungefähr 6 kg.
Dienstag ist Fastentag, das heißt, es gibt nichts zu fressen.
Wie viel Fleisch fressen der Löwe und die Löwin ...
a) in einer Woche?
b) in einem Monat (4 Wochen)?
c) in einem Jahr?

4 In vielen Zoos kann man für ein Jahr eine Futterpatenschaft übernehmen.
Die Patenschaft können sich auch mehrere Personen teilen.

Wie viel würde es für jeden kosten, wenn
a) 5 Personen,
b) 10 Personen,
c) die Kinder einer Klasse
die Patenschaft übernehmen?

30 € PRO JAHR
Chinchilla
Schmuckschildkröte
Silbermöwe

50 € PRO JAHR
Chamäleon
Pelikan
Krauskopfpelikan
Zebra
Murmeltier
Pfau

250 € PRO JAHR
Grüne Baumpython
Hellroter Ara
Kamel
Riesenotter
Königspython
Kragenechse
Seepferdchen

5 Gibt es einen Zoo in deiner Nähe? Hat er ein besonderes Angebot für Schulklassen?
Du kannst auch im Internet suchen.

1 Zahlen bis 1000: Was passt zusammen?

F 

T 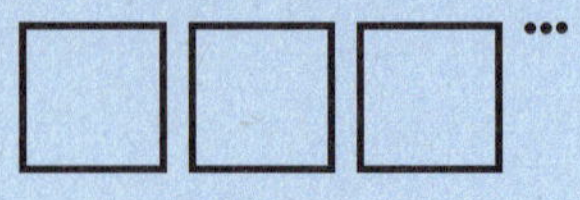

K 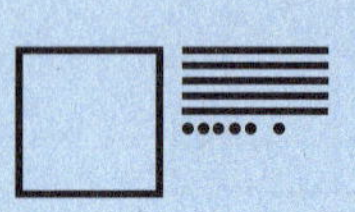

O 

L 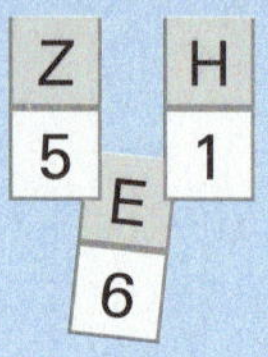

E 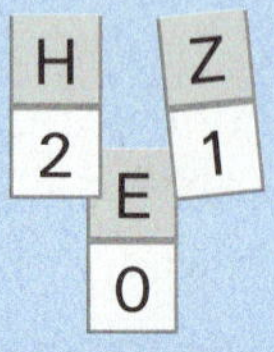

A 156 L dreihundertdrei

I 210 R einhundertsechs-undfünfzig

L 303 N zweihundertzehn

2 Nachbarzehner und Nachbarhunderter

140 147 ▢

a)	b)	c)
147	651	900
563	240	611
253	716	478
769	199	202

100 147 ▢

3

a) 174, 176, 178, ..., 190
b) 541, 531, 521, ..., 461
c) 1000, 950, 900, ..., 600
d) 3, 6, 12, 24, ..., 768
e) 512, 256, 128, ..., 2
f) 500, 450, 550, 500, ..., 700

4

a) Bei meinen Zahlen sind Hunderter, Zehner, Einer gleich.
Qs 3, 6, 9, 12, 15, ...

b) Bei meinen Zahlen ist der Hunderter doppelt so groß wie der Zehner und der Zehner doppelt so groß wie der Einer.
Qs 7, 14

5

a) Ordne. Beginne mit dem kleinsten Betrag.

H 85 ct
G 1,55 €
C 58 ct
I 1,05 €
T 100 ct
I 0,50 €
R 10 ct

b)

Kaufbetrag	bezahlt mit	Rückgeld
10,50 €		
28,90 €	 	
157,50 €		42,50 €
4,45 €		

6 Addieren und subtrahieren bis 1 000.

a) 352 + 4 14
352 + 40 14
352 + 400 14

132 + 600 12
132 + 60 12
132 + 6 12

987 − 1 23
987 − 10 23
987 − 100 23

424 − 200 8
424 − 20 8
424 − 2 8

b) 450 + 320 14
630 + 170 8
517 + 483 1

238 + 562 8
274 + 146 6
162 + 558 9

770 − 420 8
950 − 650 3
830 − 480 8

666 − 167 22
419 − 238 10
953 − 668 15

Vorstellungen von Zahlen und Zahlbeziehungen im Zahlenraum bis 1 000 sichern. Größenvorstellungen im Bereich Geld festigen.

Unter Ausnutzung von Zahlbeziehungen, Rechengesetzen und Rechenvorteilen mündlich und halbschriftlich rechnen.

Längen – Sachrechnen – Körper

1 Längen-Quartett: Was fehlt? Übertrage ins Heft und ergänze.

Kilometer	■	■	m	Zentimeter	■	Millimeter	■
So lang wie 2 und eine halbe Runde um den Sportplatz.	1 km = 1000 ■	So lang wie …	1 m = ■ cm	Etwa so lang …	1 cm = ■ mm	Etwa …	

2 Ordne. Beginne mit der kürzesten Strecke.

a) Ⓐ 5 m 50 cm Ⓖ 0,50 m Ⓤ 5 km Ⓔ 55 cm Ⓝ 5 m

b) Ⓤ 999 mm Ⓟ 1,90 m Ⓢ 9 cm Ⓔ 19 m 9 cm Ⓡ 19 km

3 Wie viel fehlt bis …

1 km	1 m	1 cm
a) 500 m	b) 50 cm	c) 5 mm
10 m	0,10 m	10 mm
999 m	99 cm	9 mm

1 m, 50 cm, 5 mm, 990 m, 500 m, 1 mm, 0,90 m, 1 cm, 0 mm

4 a) Lea geht zu Fuß in die Schule. Wie viele Kilometer geht sie in einer Schulwoche?

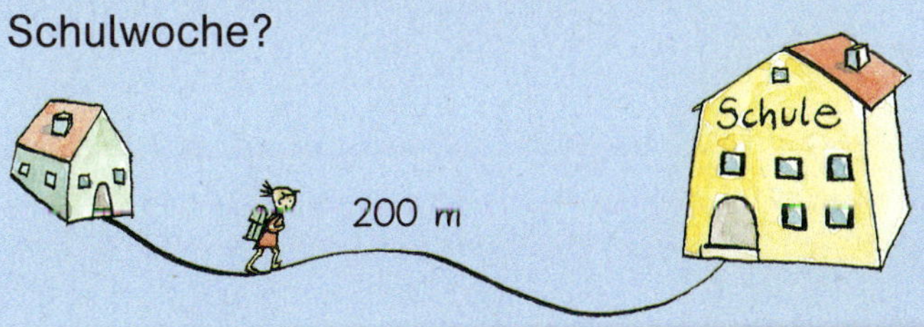

b) Heike zählt mittags die Schritte bis nach Hause. Es sind ungefähr 1000. Wie viele Kilometer läuft Heike täglich auf ihrem Schulweg? (2 Schritte von Heike sind etwa ein Meter.)

c) Sven wohnt 7 km von der Schule entfernt und fährt mit dem Rad. Mittagessen bekommt er bei seiner Oma, die 2 km von der Schule entfernt wohnt. Wenn kein Nachmittagsunterricht ist, fährt Sven nach dem Essen noch 6 km bis nach Hause. Wie viele Kilometer fährt Sven pro Woche, wenn zweimal Nachmittagsunterricht ist? Zeichne eine Lösungsskizze.

5 Was gehört zusammen?

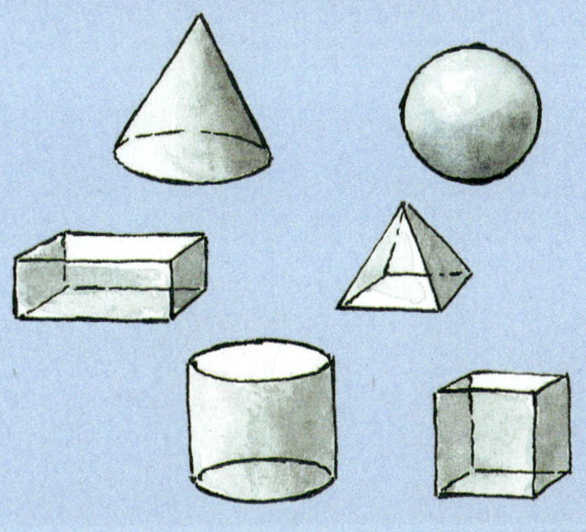

1 Quader
2 Pyramide
3 Kegel
4 Kugel
5 Würfel
6 Zylinder

P nur 1 Fläche
E 12 gleiche Kanten
K nur rechteckige Flächen
R genau 3 Flächen
Ö genau 8 Kanten
R nur 1 gewölbte und 1 ebene Fläche

1

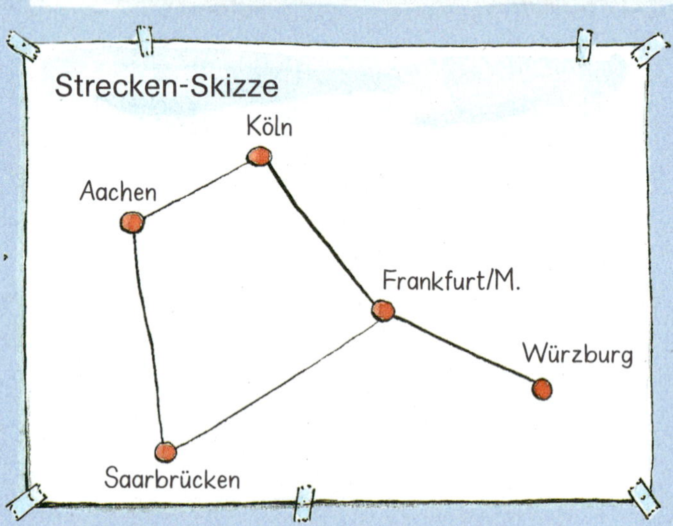

Entfernungstabelle in Kilometern

	Aachen	Frankfurt /M.	Köln	Saar-brücken	Würzburg
Aachen		256	73	263	370
Frankfurt/M.	256		191	190	128
Köln	73	191		282	289
Saarbrücken	263	190	282		314
Würzburg	370	128	289	314	

a) Überschlage, wie viele Kilometer Axel Schulz am Montag (Dienstag, Mittwoch und insgesamt) fährt.

b) Berechne die Kilometer. Vergleiche mit deinem Überschlag!

c) Spätestens nach 300 km braucht Herr Schulz eine Pause. Wie viele Kilometer fährt er noch bis zur nächsten Pause?

64 + ☐☐☐ = 300	178 + ☐☐☐ = 300	259 + ☐☐☐ = 300

d) NOTIZEN

26_ + 2_5 = 559	43_ + 2_8 = _93	5_8 + _7_ = 875
__7 − 35_ = 177	_5_ − 5_4 = 346	606 − _9_ = 2_3

2

AUTOBAHNRASTSTÄTTE
1 STEAK 10,20 €
1 GULASCHSUPPE 3,90 €
1 APFELSCHORLE 2,50 €
1 KAFFEE 2,99 €

a) Wie viel muss Herr Schulz bezahlen?

b) Wie viel Geld bekommt er zurück?

Schriftliche Rechenverfahren verstehen und sicher ausführen; problemangemessen überschlagend rechnen; Sachaufgaben erschließen und passend zum Aufgabenkontext unter verschiedenen Modellen zur Erschließung von Sachzusammenhängen auswählen.

Gewichte – Rauminhalte – Formen

1 Tonne – Kilogramm – Gramm: Was passt zusammen?

H	W	?	E	C	S	R
500 g	250 g	1 g	100 g	1 kg	1 t	10 g

2 Zeichne 1-kg-Stapel.
Wie viele Dinge brauchst du?

Schokolade Butter Margarine

3

a) Herr Matz ist genauso schwer wie Nikola (29 kg), Ebru (43 kg) und Certan (28 kg) zusammen.

b) Karl ist doppelt so schwer wie Kim. Sie wiegt 37 kg.

c) Viola und Viktor wiegen zusammen 100 kg. Viktor wiegt 20 kg mehr als Viola.

4 Liter und Milliliter: Was passt zusammen?

R	D	S	U	G	I	T
$\frac{3}{4}$ l 750 ml	1 l 1 000 ml	$\frac{1}{2}$ l 500 ml	4 ml	150 ml	4 l	$\frac{1}{4}$ l 250 ml

5

Fülle 1 l ein. Finde 6 verschiedene Möglichkeiten.

1 l = 1 000 ml = 500 ml + 500 ml
1 l = 1 000 ml = 500 ml + 150 ml + …

6 Formen und Muster

a)

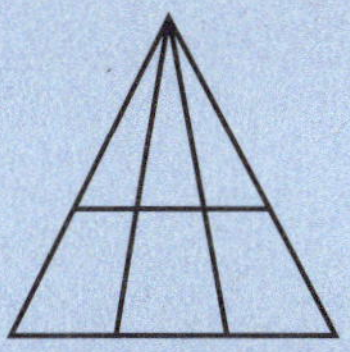

Wie viele Dreiecke?
Wie viele Vierecke?

b)

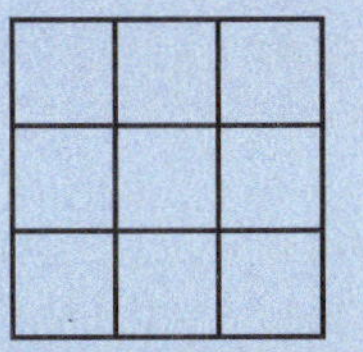

Wie viele Quadrate?

7 Muster aus parallelen Geraden und rechten Winkeln: Zeichne weiter.

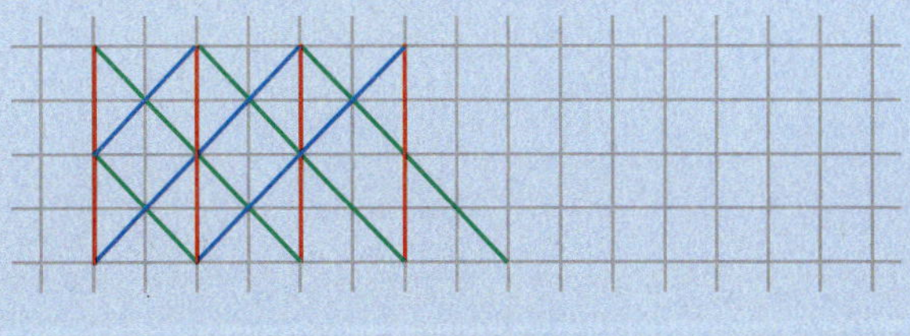

Grundlegende Größenvorstellungen in den Bereichen Gewichte und Rauminhalte, insbesondere im Zusammenhang mit Bezugsgrößen aus der Erfahrungswelt, sichern; Grunderfahrungen zu geometrischen Ideen ermöglichen; geometrische Fertigkeiten anwenden.

Bäckerei Lecker Schmecker

1

a) So viele Brezeln bäckt und verkauft die Bäckerei jeden Tag.
b) Wie viele sind das in einer Woche?
c) In den Ferien werden nur halb so viele Brezeln verkauft. Wie viele Brezeln sind das in 4 Wochen Ferien?
d) Wie viele Brezeln könnten mehr verkauft werden, wenn es 3 Wochen weniger Ferien gäbe?

2

a) So viele Brötchen liefert die Bäckerei täglich in das Lokal „Frühstückslust".
b) Wie viele sind das von Montag bis Freitag?
c) Samstags wird die dreifache Brötchenmenge benötigt, sonntags die vierfache Menge.
d) Die meisten Gäste essen 2 Brötchen. Für wie viele Gäste reichen sie freitags (samstags, sonntags)?

3

a)	b)	c)	d)
1 · 7	10 · 16	18 : 9	1 000 : 9
10 · 7	9 · 16	180 : 9	1 000 : 8
2 · 7	8 · 16	27 : 9	1 000 : 7
20 · 7	▢ · 16	▢ : 9	1 000 : ▢

4

LECKERSCHMECKER – PREISE

Brötchen:	0,20 €	Weißbrot:	1,80 €
Rosinenbrötchen:	0,40 €	Mischbrot:	2,40 €
Schokowecken:	0,60 €	Vollkornlaib:	3 €
Milchsemmel:	0,25 €	Hörnchen mit Nuss:	0,90 €
Brezel:	0,60 €	Amerikaner:	0,70 €
Brezel m. B.:	1 €	Quarktasche:	0,60 €
Kornspitz:	0,75 €	Plunder:	0,80 €

c) Svenja hat für 8 Berliner 5,60 € bezahlt. Wie viel kosten:

Anzahl	Preis
8	5,60) : 2
4	
2	
1	
10	
⋮	

d) Tim kauft 4 Schnecken und 4 Waffeln und bezahlt 4 Euro. Kim nimmt auch 4 Schnecken und eine Waffel und zahlt 2,20 €. Was kostet 1 Schnecke? Was kostet 1 Waffel?

Auf Basis von Grundvorstellungen der Multiplikation und Division verständig und unter Ausnutzung von Zahlbeziehungen, Rechengesetzen und Rechenvorteilen mündlich und halbschriftlich rechnen; sachrechnerische Grundfertigkeiten im Bereich Geld entwickeln.

Zeit – Sachrechnen

1 Wie spät ist es?

Alexa: 6.40 Uhr

2 Wie viele Stunden und Minuten?

a) 70 min = ▢ h ▢ min
100 min
305 min
$\frac{3}{4}$ h
2 Schulstunden:

Wie viele Minuten und Sekunden?

b) 70 s = ▢ min ▢ s
100 s
305 s
$2\frac{1}{2}$ h
große Pause:

3 Ordne nach der Zeitdauer. Beginne mit der längsten Dauer.

a)
E 600 s
T 12 h
N 1 h 45 min
U 160 min
S 1 Tag
D Viertelstunde

b)
N 35 min
T 360 s
U 0,5 h
M 1 h
E 100 s
I 1 Schulstunde

4 Fahrzeiten

Bahnhof/Haltestelle	Zeit	Züge
Osnabrück Hbf Berlin Zoo	ab 10:12 an 13:01	IC, ICE
Osnabrück Hbf Berlin Zoo	ab 10:12 an 13:11	IC
Osnabrück Hbf Berlin Zoo	ab 12:04 an 15:01	IC, ICE
Osnabrück Hbf Berlin Zoo	ab 14:12 an 17.01	IC, ICE
Osnabrück Hbf Berlin Zoo	ab 15:16 an 18:56	RE, IC

2 h 57 min
2 h 49 min
2 h 59 min
3 h 40 min

a) Kevin will seinen Vater besuchen. Im Internet sucht er die schnellste Zugverbindung. Welche ist es? Berechne die Fahrzeiten so:

10.12 Uhr → 13.01 Uhr
▢ h ▢ min

b) Züge haben manchmal Verspätung. Kevins Vater muss eine Dreiviertelstunde auf seinen Sohn warten. Zum Glück scheint die Sonne.

5 Sonnenzeiten

a) In welchem Monat scheint die Sonne am längsten, in welchem am kürzesten?

b) Welche Monate haben ungefähr gleich viele Sonnenstunden?

c) Wie viele Sonnenstunden gibt es ungefähr in deinem Geburtstagsmonat?

d) Kannst du die Sonnenstunden für die einzelnen Jahreszeiten überschlagen?

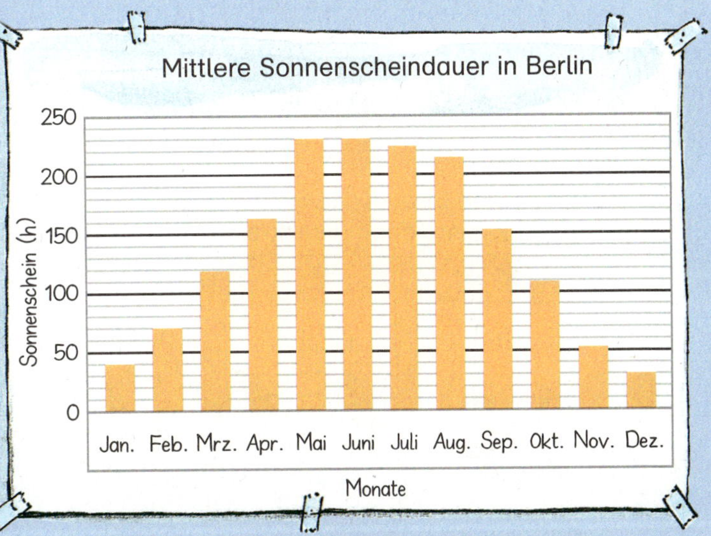

Grundlegende Größenvorstellungen im Bereich Zeit, insbesondere im Zusammenhang mit Bezugsgrößen aus der Erfahrungswelt, sichern; sachrechnerische Grundfertigkeiten im Bereich Zeit entwickeln; Sachaufgaben in verschiedenen Darstellungsweisen erschließen und selbstständig bearbeiten.

Klasse 3 im Überblick

Zahlen Rechnen

Zahlen bis 1000

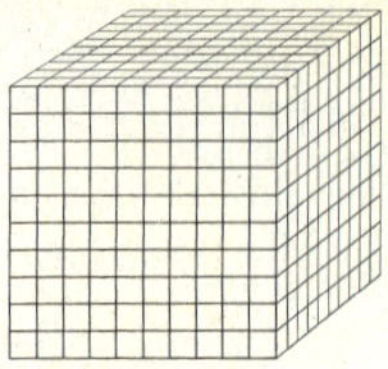
Tausender

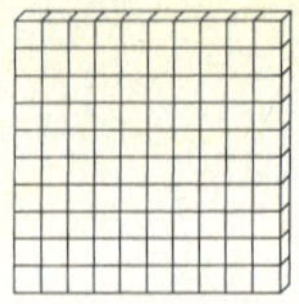
Hunderter

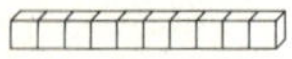
Zehner

Einer

486 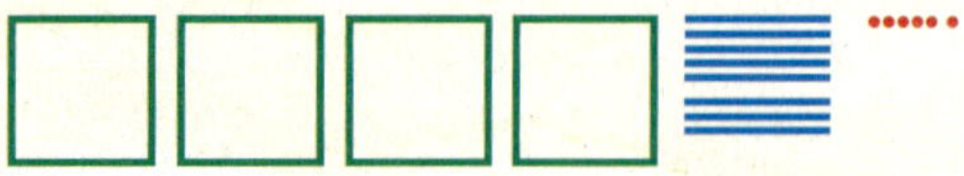

H	Z	E
4	8	6

vierhundertsechsundachtzig

Addition (addieren) +
Subtraktion (subtrahieren) −

Multiplikation (multiplizieren) ·
Division (dividieren) :

Vergleichen

<	kleiner als	723	<	732
>	größer als	941	>	914
=	gleich	586	=	586

Runden

≈ ist rund   264 ≈ 260   264 ≈ 300

Bei 1, 2, 3, 4 wird abgerundet.
Bei 5, 6, 7, 8, 9 wird aufgerundet.

Größen

Geld

Euro €   Cent ct
1 € = 100 ct

4,75 € = 4 € 75 ct = 475 ct

Länge

Kilometer	km	1 km = 1 000 m
Meter	m	1 m = 100 cm
Zentimeter	cm	1 cm = 10 mm
Millimeter	mm	

2,38 m = 2 m 38 cm = 238 cm

Gewicht

Tonne	t	1 t = 1 000 kg
Kilogramm	kg	1 kg = 1 000 g
Gramm	g	

Zeit

Tag		1 Tag hat 24 Stunden.
Stunde	h	1 h = 60 min
Minute	min	1 min = 60 s
Sekunde	s	

Rauminhalt

Liter	l	1 l = 1 000 ml
Milliliter	ml	

Geometrie

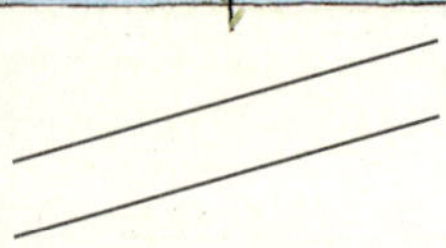
Die Geraden sind parallel zueinander.

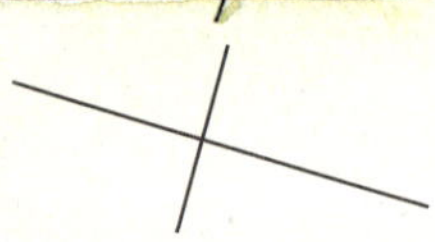
Die Geraden sind senkrecht zueinander.

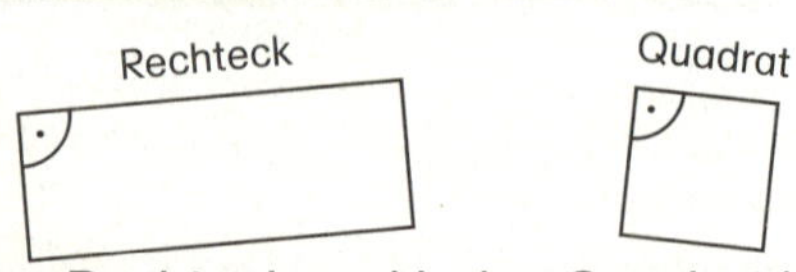

Jedes Rechteck und jedes Quadrat hat vier rechte Winkel.

Würfel

Quader
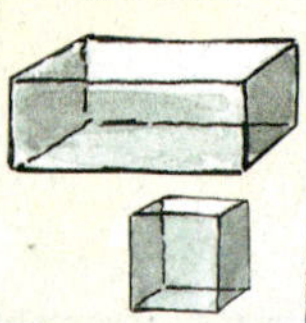

Pyramide

Zylinder

Kegel

Kugel